H. de GRAFFIGNY

INGÉNIEUR CIVIL

L'ÉLECTRICITÉ

DANS

L'AUTOMOBILE

Fonctionnement des Moteurs d'automobiles
Différents systèmes d'allumage. — Piles. — Accumulateurs
Magnétos. — Dynamos
Instruments de mesure. — Appareils d'allumage
Appareils de réglage. — Emplois divers.

OUVRAGE ILLUSTRÉ DE 65 GRAVURES

PARIS

LIBRAIRIE GÉNÉRALE SCIENTIFIQUE & INDUSTRIELLE

H. DESFORGES

39, Quai des Grands-Augustins, 39

1906

L'ÉLECTRICITÉ

DANS

L'AUTOMOBILE

OUVRAGES DU MÊME AUTEUR

EN VENTE A LA MÊME LIBRAIRIE

L'ouvrier électricien (2e édition refondue),
1 vol. de 450 pages avec 275 figures........ 6 fr.

Manuel pratique de la motocyclette, 1 brochure de 36 pages....................... 0 fr. 50

Constructeur-conducteur de cycles et d'automobiles, 1 vol. in-16º illustré............ 4 fr.

Manuel pratique du motocycliste, 1 vol. in-18º
avec 80 figures.......................... 4 fr.

L'ingénieur électricien (13e édition augmentée
d'un appendice), 1 vol. in-18º de 350 pages
avec 108 figures........................ 4 fr.

Manuel de pose des sonnettes et téléphones,
1 brochure de 120 pages................... 1 fr. 50

Petite encyclopédie électro-mécanique, 12 vol.
de 160 pages chacun, broché 1 fr. 50, relié... 2 fr.

SOUS PRESSE

Dictionnaire des Termes techniques, 1 fort vol.
in-16º de 700 pages.

L'Electricité dans la maison, 1 vol. in-18º de
150 pages.

500 expériences de Science amusante, 1 vol. in-18º
de 420 pages.

Guide pratique du Télégraphiste et du Téléphoniste, 1 vol. in-18º de 320 pages.

H. de GRAFFIGNY

INGÉNIEUR CIVIL

L'ÉLECTRICITÉ

DANS

L'AUTOMOBILE

*Rôle de l'Electricité à bord des Automobiles. Unités et grandeurs Electriques.
Terminologie Electrique. Fonctionnement des moteurs d'Automobiles.
Différents sytèmes d'Allumage.
Piles à liquide et sèches. Piles de secours. Accumulateurs. Appareils
pour la recharge des Accumulateurs. Magnétos. Machines dynamos.
Instruments de Mesure et divers.
Les appareils de réglage : Trembleurs, vibreurs, rupteurs, etc.
Bougies. Tampons magnétiques. Catalyse.
Eclairage électrique des véhicules. Compteurs. Embrayages. Appareils divers.*

OUVRAGE ILLUSTRÉ DE 65 GRAVURES

PARIS

LIBRAIRIE GÉNÉRALE SCIENTIFIQUE & INDUSTRIELLE

H. DESFORGES

39, Quai des Grands-Augustins, 39

1906

L'ÉLECTRICITÉ

l'Automobile

APPLICATIONS DIVERSES

CHAPITRE PREMIER

Rôle de l'Électricité à bord des automobiles.

Il est incontestable que c'est à l'électricité que l'automobile doit une bonne partie de son succès définitif et de sa vogue, car c'est l'utilisation rationnelle de cette énergie qui a permis de donner au moteur à explosion la souplesse de marche qu'il a acquise et la possibilité de proportionner sa vitesse de rotation à l'effort à vaincre.

Ce fut l'électricité qui constitua la première source de chaleur employée pour assurer l'allumage du mélange tonnant dans la machine à gaz de Lenoir de 1861. Un couple d'éléments

1

Bunsen actionnait une bobine d'induction, et un contact tournant, se déplaçant sur un cercle fixe, envoyait le courant à haute tension aux pointes d'un allumeur, entre lesquelles jaillissait, au moment voulu, l'étincelle chargée de produire l'inflammation des gaz sous le piston.

Ce procédé ne demeura cependant pas longtemps en usage, et les moteurs à gaz industriels de la première période furent munis de dispositifs d'allumage dont l'électricité était exclue. C'est ainsi que, dans le moteur Otto et dans ceux qui le suivirent, il existait un petit bec de gaz dit *veilleur* chargé de rallumer à chaque fois un petit bec spécial, dont l'ouverture était démasquée par le jeu d'un tiroir. Ce tiroir, fermé du côté de l'atmosphère s'ouvrait ensuite du côté de la capacité du cylindre, remplie à ce moment du mélange tonnant d'air et de gaz d'éclairage, mélange qui était immédiatement enflammé par le contact de la flamme, laquelle était soufflée par la force de l'explosion. Puis, le tiroir recommençant son mouvement, le bec se rallumait à l'extérieur pour reproduire constamment dans le même ordre les mêmes opérations.

Ce procédé d'allumage par *transport de flamme*, qui se concevait avec des moteurs à gaz installés à poste fixe, n'était plus guère pratique pour des moteurs transportables et brûlant des hydrocarbures liquides au lieu de gaz d'éclairage. C'est pourquoi on songea à remplacer le bec veilleur par un tube de porcelaine ou de fer, chauffé jusqu'à l'incandescence à l'aide d'un brûleur spécial, alimenté d'essence. Lorsque la compression des gaz dans le fond du cylindre avait été opérée, leur inflammation s'opérait automatiquement au contact des parois surchauffées du tube incandescent.

Les premières voitures automobiles de Panhard-Levassor avec moteur Daimler en V, de Roger, de Benz, de Mors, etc., étaient toutes munies de ce procédé d'allumage qui, bien réglé et entretenu, donnait d'assez bons résultats, à la condition d'avoir un soin extrême des moindres pièces des brûleurs. Autrement le moteur manquait de force et avait de nombreux ratés d'allumage. Tous les chauffeurs de cette période des débuts de l'automobile peuvent encore avoir présent à la mémoire le souvenir des pannes incoercibles dues à un dérangement quelconque de cet organisme délicat qu'était l'allumage par tube incandescent.

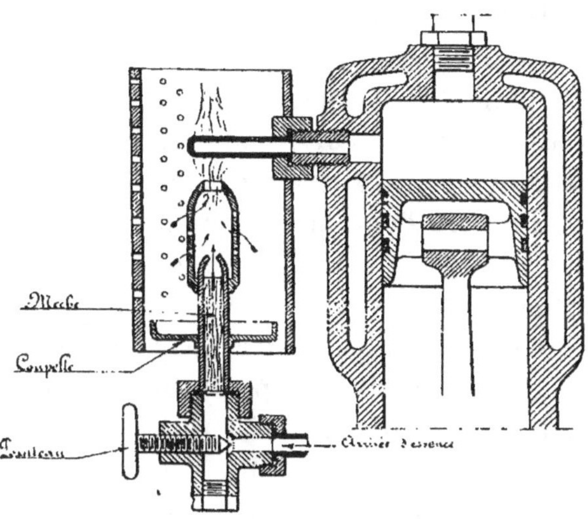

Fig. 1. — Allumage des moteurs par brûleurs.

Il est bien certain que l'automobilisme n'aurait jamais pris l'extension immense qu'on lui reconnaît dans tous les pays du monde, si l'on s'en était tenu à ce système d'inflammation du mélange gazeux, trop fertile en inconvénients de toute espèce. Mais, en même temps que toutes les pièces composant ces machines et ces véhicules étaient l'objet de l'étude attentive des spécialistes qui amélioraient, suivant les indi-

cations de l'expérience, les moindres organes
entrant dans la construction des voitures mécaniques, les savants entreprenaient des re-
cherches sur les phénomènes complexes se
produisant à l'intérieur des machines pendant leur fonctionnement. De cette colla-
boration féconde des industriels et des savants, devait résulter l'automobile actuelle, ce
chef-d'œuvre de la mécanique moderne.

Le premier soin des chercheurs consista à
vérifier comment s'opérait la combustion du
mélange tonnant à l'intérieur du cylindre. On
reconnut bien vite que, pour obtenir le meilleur
résultat, il était nécessaire que l'inflammation
fût instantanée, la totalité des gaz contenus
dans le cylindre devant brûler dans le plus court
espace de temps possible. De cette façon, il
devenait possible de donner au piston une
vitesse excessive atteignant 2.400 tours par minute dans certains petits moteurs, soit 40 tours
dans l'espace d'une seconde !

L'électricité seule pouvait fournir le moyen
d'enflammer, au moment précis et vingt fois
par seconde, le mélange d'air et de vapeurs
d'essence minérale aspiré par le piston et comprimé au fond de la culasse du cylindre pen-

dant la course rétrograde de ce piston. On en revint donc au premier système de M. Lenoir et, au brûleur à tube incandescent, se substitua l'allumage par l'électricité, qui est le seul système usité maintenant parce qu'il est le seul qui permette de déterminer à volonté, et suivant les circonstances, le point de la course du piston où doit s'opérer la déflagration du mélange gazeux, en avançant ou en retardant l'instant auquel jaillit l'étincelle électrique devant assurer l'inflammation.

Une fois reconnu supérieur à tous les autres moyens antérieurement appliqués, l'allumage électrique fit table rase des anciens systèmes, et l'on ne s'occupa plus désormais que d'en perfectionner les détails, de façon à le rendre aussi pratique que possible. C'est ainsi que, successivement, on améliora les sources de courant, faisant appel l'un après l'autre à tous les moyens connus de produire cette énergie indispensable ; utilisant les piles hydro-électriques, les accumulateurs, les machines électrostatiques, magnéto et dynamo-électriques, l'induction, les effets catalytiques, etc. Puis on étudia de près les méthodes les plus convenables pour réduire la dépense de l'énergie, la proportionner au résultat à atteindre, régulariser le moment de son action ; on compara les résultats donnés par les bobines d'induction avec et sans trembleur, les magnétos et les dynamos, les piles primaires et secondaires. Enfin on combina des contacts spéciaux pour la fermeture des circuits, et de nombreux modèles de trembleurs, de vibreurs, de rupteurs, firent leur apparition sur le marché, en même temps qu'une armée de dispositifs d'allumage connus sous le nom générique de *bougies*. Certaines maisons se sont fait une spécialité de ce petit matériel, et plusieurs ont obtenu une juste notoriété en raison de la haute qualité de leurs produits.

L'électricité est donc devenue indispensable à bord des automobiles à moteur à hydrocarbures où elle joue un rôle de première importance, car c'est d'elle que dépend en grande partie le fonctionnement plus ou moins satisfaisant de la machine. Il est donc de première nécessité, pour un chauffeur, d'en connaître tous les secrets, d'autant plus que les trois-quarts des *pannes* dont une voiture automobile peut être affectée sont dues à un dérangement de l'appareil d'allumage.

C'est donc avec l'espoir de renseigner nos

camarades les chauffeurs sur l'agencement et le fonctionnement des nombreux systèmes d'allumage électrique qui se disputent la faveur de leur clientèle que nous avons rédigé le présent opuscule. Nous n'ignorons pas que nous arrivons après plusieurs autres vulgarisateurs qui ont eu le même but, et que plusieurs livres ont déjà été publiés sur ce même sujet ; cependant nous pensons que celui-ci ne sera pas inutile, car nous avons eu le souci de donner le tableau le plus exact possible de l'état de la question au moment où nous écrivons, tout en classant les différentes parties de notre sujet dans l'ordre qui paraît le plus logique pour permettre une fructueuse étude d'ensemble. Nous n'avons pas la prétention d'avoir écrit une œuvre assurée de pérennité, ni même un volume essentiel à toute bibliothèque technique bien comprise, mais plus simplement nous désirons donner à tous ceux qui, de près ou de loin, touchent à l'automobile, un conseiller capable, le moment venu, de les tirer d'embarras, grâce à un renseignement précis, à une indication exacte sur la disposition d'un organe d'allumage électrique, à quelque catégorie que celui-ci appartienne.

Mais c'est assez parler de nous et de ce que nous voudrions réaliser ici, en suivant fidèlement la méthode adoptée dans tous nos traités de vulgarisation scientifique ou industrielle, et notre dernier mot sera pour affirmer que notre seule ambition est de pouvoir être de quelque utilité à nos lecteurs. Et si nous y parvenons, nous aurons obtenu toute la récompense que nous souhaitons le plus sincèrement du monde.

Revenons-en à l'électricité.

Avant d'entreprendre la description des divers appareils de production et d'utilisation de cette énergie, il n'est pas oiseux, supposons-nous, de rappeler brièvement quelles sont les idées adoptées aujourd'hui sur la nature de ce que l'on appelait autrefois le *fluide*.

L'électricité est donc, suivant l'opinion des savants modernes, l'une des mille formes sous lesquelles se présente à notre esprit l'énergie sans cesse en action dans l'univers, et pour certains, ce serait l'énergie elle-même qui meut les mondes et commande à la matière. Elle existe partout à l'état latent, et se manifeste dès qu'on change l'équilibre de deux choses qui étaient auparavant en repos. Ainsi, que l'on

1.

frotte un objet quelconque : un morceau de cristal, une pierre précieuse, un bâton de cire, avec un chiffon de laine, on développera une certaine quantité d'électricité. Toutes les formes possibles du mouvement : le choc, le frottement, la percussion, la rupture d'un corps homogène, donnent naissance à l'électricité, et il en est encore de même pour le chauffage et les actions chimiques. Dans toutes ces circonstances, le changement d'équilibre s'accompagne d'un dégagement d'électricité.

Ces phénomènes sont le plus souvent réversibles les uns dans les autres. De même qu'en chauffant le point de soudure de deux métaux hétérogènes, on donne lieu à un dégagement d'électricité, de même en faisant passer un courant électrique dans un fil métallique, on provoque l'échauffement de celui-ci. Le mouvement d'une bobine d'induction dans un champ magnétique créé par un aimant ou un électro-aimant, se transforme en courant électrique dans l'intérieur des fils de cette bobine. Inversement, en faisant parcourir ces fils par un courant électrique provenant d'une source étrangère, on reproduit du mouvement, et la bobine devient l'organe mobile d'un moteur.

En plongeant deux lames de métaux différents dans une solution acidulée, les phénomènes chimiques s'accompagnent de la production d'une certaine quantité d'électricité. Au contraire, en mettant ces lames en rapport avec un générateur de courant, on peut produire diverses décompositions électrochimiques, et récupérer par la suite, l'énergie emmagasinée par ces décompositions.

L'électricité se présente à nos sens sous des apparences extrêmement variables, et cependant, ne différant en réalité que par la masse d'énergie mise en jeu. Ainsi, les machines électrostatiques, à plateaux tournants de verre ou d'ébonite, fournissent des charges d'électricité à une très haute tension, pouvant atteindre 50000 volts, mais avec une intensité très faible ne dépassant pas quelques millièmes d'ampère. Les piles chimiques, les accumulateurs fournissent au contraire un courant de basse tension, ne dépassant pas 2 volts par élément, mais, suivant la grandeur des électrodes et la masse de matière en présence, l'intensité peut atteindre plusieurs ampères, de 2 à 50, 100 et même davantage.

Les machines dynamo-électriques à courant

continu fournissent un courant analogue à celui des piles, mais d'intensité et de tension
plus considérables et en rapport avec la quantité de travail dépensée pour faire tourner la
bobine induite. La tension ordinaire des dynamos à lumière est de 110 volts (elle peut être
portée, dans des types particuliers, jusqu'à 1500
volts s'il est besoin), comme l'intensité peut atteindre des centaines d'ampères et même des
milliers dans les machines pour la fabrication
électrochimique des carbures. Les machines à
courants alternatifs peuvent fournir des courants
de très haute tension, 2 ou 3000 volts et même
davantage, beaucoup plus aisément qu'avec les
courants continus, tout en donnant un débit
en rapport avec le travail à réaliser.

Telles sont les principales caractéristiques des
appareils électriques actuellement en usage,
soit pour l'allumage du mélange gazeux à l'intérieur des cylindres des moteurs, soit pour
l'alimentation des lanternes et phares des automobiles, ou encore pour la commande de
certains embrayages et de quelques compteurs
électro-chronométriques.

Nous allons passer d'ailleurs en revue tous
ces appareils dans les chapitres qui vont suivre,

après toutefois quelques indications qui nous paraissent indispensables sur le rôle de l'électricité dans les moteurs d'automobiles.

CHAPITRE II

L'allumage électrique des moteurs.

Unités et grandeurs électriques. — Avant
de jeter un coup d'œil d'ensemble sur les différents systèmes proposés au cours de ces dernières années pour assurer l'inflammation du
mélange d'air et de vapeurs d'essence ou d'al-
cool à l'intérieur des cylindres de moteurs d'automobiles, il nous paraît indispensable de rappeler brièvement quelle est la valeur des termes
techniques dont nous serons obligé constamment de nous servir dans les descriptions qui
vont suivre.

Il est deux grandeurs dont il est sans cesse
fait usage lorsqu'il est question d'électricité, et
qui se représentent à tout instant : c'est la *pression* du courant électrique et son *intensité*.
L'une correspond, si nous comparons ce courant à celui circulant à l'intérieur d'une con-

duite d'eau, à la hauteur de chute, à la différence de niveau entre le point le plus bas et le
point le plus haut de cette circulation. Plus le
réservoir d'où provient l'eau est élevé et plus la
pression de celle-ci est grande. En électricité,
cette pression résulte de causes diverses : affinité des métaux entre eux dans une pile, influence du champ magnétique dans une machine, etc., d'où résulte la production d'une
force électromotrice qui crée la différence de
niveau ou de *potentiel* entre deux points du
circuit. Cette cause, la force électromotrice, ou
ce résultat, la différence de potentiel d'où résulte
la pression, enfin la tension du courant, s'éva-
luent en *volts*, et nous dirons tout de suite, à titre
de comparaison et pour fixer les idées, que 1 volt
correspond sensiblement à la tension d'un élément de pile au sulfate de cuivre d'un type
et d'une dimension quelconques.

L'autre grandeur, l'*intensité*, représente le
volume d'eau circulant dans la conduite sous
une pression donnée ; elle dépend donc de
l'importance du travail donnant naissance au
courant, comme le débit d'une conduite d'eau
dépend de la hauteur de chute et de la section
du tuyau par lequel passe ce liquide, mais cette

intensité est diminuée par l'effet des résistances que le courant rencontre pour se propager. En science électrique, l'unité de résistance est l'*ohm*, elle est égale à la résistance opposée au passage du courant par un fil de cuivre pur de 1 millimètre de diamètre et 48 mètres de longueur ou d'un fil de fer de 4 millimètres et de 100 mètres de long. L'intensité d'un courant est donc directement proportionnelle à la force électromotrice et inversement proportionnelle à la résistance du circuit, ce qui s'exprime par la formule abrégée bien connue :

$$I = \frac{E}{R}$$

De même que la force électromotrice est proportionnelle aux deux autres termes suivant la formule :

$$E = IR$$

Si la force électromotrice ou tension d'un courant, s'exprime en *volts*, et les résistances électriques en *ohms*, l'intensité s'évalue en *ampères*. Cette grandeur s'entend *par seconde*, c'est pourquoi on a été amené à créer une unité dérivée, l'*ampère-heure*, qui correspond à

3600 ampères produits ou dépensés en une heure.

Il est encore une unité dont le nom se rencontre souvent et qui sert à indiquer la puissance absorbée ou engendrée par un appareil électrique. Cette unité est le produit de l'intensité par la force électromotrice ; on l'appelait autrefois *volt-ampère*, mais l'usage a prévalu de la nommer *watt*. De même que l'ampère, le watt s'entend par seconde, et pour ne pas arriver à des nombres trop considérables, on a créé le *watt-heure* correspondant à 3600 watts ou 1 watt pendant une heure.

Les autres termes techniques dont nous serons obligés de nous servir au cours de cette étude, sont les suivants :

Bobine. Appareil d'induction, transformateur d'un courant primaire en un courant secondaire de tension et d'intensité différente.

Borne. Pièce d'attache des fils à l'aide d'une vis de pression.

Capacité. Quantité totale d'énergie qui peut être contenue dans une pile ou un accumulateur. Elle s'énonce en *ampères-heure* ou en *watts-heure*. C'est, à plus proprement parler, l'*énergie spécifique* d'un appareil.

Champ magnétique. Flux de force créé par les pôles d'un aimant ou d'un électro-aimant.

Charge. Opération consistant à faire passer un courant primaire dans un accumulateur, pour emmagasiner une certaine quantité d'énergie.

Cheval. Unité de travail mécanique correspondant à 75 kilogrammètres par seconde. Le travail d'un cheval-vapeur pendant une heure, ou 270000 kilogrammètres est désigné sous le nom de cheval-heure.

Circuit. Chemin parcouru par un courant depuis le pôle positif de la source d'électricité jusqu'au pôle négatif, en traversant les divers appareils intercalés. Le circuit est dit *ouvert* quand le conducteur qui le constitue est interrompu en l'un de ses points, et *fermé* quand ce conducteur ne présente aucune solution de continuité et que le courant circule d'une extrémité à l'autre.

Coupe-circuit. Petit appareil automatique à fil fusible interrompant automatiquement la circulation du courant sur un circuit, en cas d'élévation subite et anormale de l'intensité. On donne aussi ce nom à des interrupteurs ou con-

tacts, permettant de fermer ou d'ouvrir le circuit à volonté.

Décharge. Récupération de la quantité d'é-
lectricité emmagasinée sous forme de travail
chimique dans un accumulateur.

Dynamo. Machine produisant un courant
électrique continu (c'est-à-dire toujours de
même sens), par la rotation d'une bobine recouverte de fil et reliée à un collecteur sur lequel frottent des balais métalliques, dans un
champ magnétique, produit par un électro-
aimant.

Électrodes. Nom que l'on donne aux plaques
constitutives des accumulateurs et des piles.

Inducteur. Partie fixe d'une dynamo produisant le champ magnétique.

Induit. Partie mobile d'une dynamo, en
forme d'anneau ou de tambour.

Kilogrammètre. Unité de travail mécanique
correspondant à l'effort nécessaire pour élever,
en une seconde, un poids de 1 kilogramme à
1 mètre de hauteur. Ses multiples sont le *prony*
qui vaut 10 kilogrammètres, le *cheval* qui
équivaut à 75 kilogrammètres et le *poncelet* à
100 kilogrammètres. Le rapport du kilogrammètre au watt est de 9,8 environ, c'est-à-dire

qu'un cheval correspond à 736 watts et 1 poncelet à 981 watts.

Kilowatt. Multiple du watt représentant
1000 watts. Un autre multiple est l'hectowatt
(100 watts). Cette unité s'entendant par seconde,
on fait usage du kilowatt-heure représentant
1000 watts par seconde pendant une heure.

Magnéto. Générateur mécanique de courant par la rotation d'une bobine induite dans
le champ magnétique créé par les pôles d'un
aimant naturel.

Polarité. Qualité présentée par les pôles
d'une source d'électricité, d'un électro-aimant, etc., par laquelle chacun de ces pôles
est de signe contraire à l'autre, ces pôles étant
dits l'un positif et l'autre négatif, ou nord et
sud dans les appareils magnétiques.

Positive. Electrode inattaquable d'une pile,
plaque d'un accumulateur en rapport avec le
pôle positif, l'électrode soluble de la pile ou de
la plaque reliée au pôle négatif étant appelée
négative.

Tels sont les principaux mots techniques
dont nous serons obligé de nous servir dans les
pages qui vont suivre et dont, à notre avis,
l'explication s'imposait avant d'aller plus loin.

Le langage et les termes particuliers que nous devrons employer étant maintenant compris, nous en arriverons à la question de l'utilité de la présence de l'électricité dans les moteurs à pétrole.

Tous les moteurs dont il est fait usage pour actionner les voitures mécaniques modernes fonctionnent, on le sait, d'après ce que l'on a appelé le *cycle à quatre temps*, indiqué pour la première fois vers 1865 dans un brevet par l'ingénieur français Beau de Rochas. C'est-à-dire que, contrairement à la vapeur qui agit de la même façon et simplement par son expansion pendant toute la durée de la course du piston, le mélange tonnant d'air et de gaz ou de vapeurs combustibles est d'abord aspiré, pendant la première course avant du piston, pour être refoulé ensuite dans la chambre réservée à cet effet au fond de la culasse, alors que le piston revient à sa position primitive. A ce moment précis, le mélange comprimé est enflammé et le piston chassé à l'extrémité du cylindre par l'expansion des gaz à très haute température subitement développés par l'explosion. Enfin, en revenant encore à sa première position pendant sa deuxième course, le piston expulse au dehors les résidus de la combustion.

En résumé, pendant deux révolutions complètes de l'arbre, les opérations se succèdent dans l'ordre suivant :

Premier demi-tour : Aspiration du mélange à travers le carburateur ;

Deuxième demi-tour : Refoulement et compression à 5 atmosphères environ ;

Troisième demi-tour : Allumage, explosion, action motrice, détente ;

Quatrième demi-tour : Echappement.

Le moteur ne travaille donc réellement que pendant un demi-tour de volant sur deux tours complets. On a essayé par tous les moyens d'obtenir une action plus continue, en modifiant le cycle ou autrement, mais sans obtenir de meilleurs résultats, et pour obtenir une plus grande régularité on a été obligé de multiplier le nombre des cylindres, de manière qu'il y ait au moins une action motrice par tour. Avec les moteurs à quatre cylindres, l'effort est continu, et, à chaque demi-tour d'arbre, à chaque course de l'un ou de l'autre des pistons, correspond une explosion dans l'un ou l'autre des cylindres, si bien que le travail est beaucoup mieux réparti et plus régulier.

L'ouverture et l'occlusion des orifices d'introduction et d'échappement des gaz sont déterminés au moment voulu par le fonctionnement même du moteur. En effet, pendant le premier temps du cycle, celui-ci agit comme une pompe aspirante et le mélange pénètre librement dans le cylindre à travers la soupape d'admission dont le clapet n'est maintenu que par un ressort assez faible qui s'allonge sous la succion du piston et rappelle le clapet sur son siège aussitôt que le piston a terminé sa course en avant. La soupape d'échappement est forcée de s'ouvrir une fois tous les deux tours de l'arbre par le jeu d'une came montée sur un petit arbre intermédiaire faisant un tour pour deux de celui du moteur auquel il est réuni par un pignon. Cette came, de profil excentrique, oblige la tige du clapet à remonter, démasquant ainsi l'orifice de sortie ; un ressort de rappel force le clapet à retomber aussitôt après que la tige a dépassé le bossage de la came.

On tend de plus en plus aujourd'hui à commander mécaniquement le mouvement des soupapes ; ce qui permet de limiter exactement leur course ainsi que le degré et la durée de leur ouverture. C'est une petite complication de mécanisme, mais qui a bien des avantages, surtout pour les moteurs à quatre cylindres qui deviennent ainsi aussi silencieux que des mécanismes d'horlogerie. On l'a même appliquée à certains types de petits moteurs monocylindriques pour motocyclettes.

Telle est, sommairement décrite, la disposition générale des moteurs d'automobiles et le principe de leur fonctionnement. On voit donc que l'inflammation du mélange tonnant doit s'opérer à la fin de la deuxième course du piston, c'est-à-dire après que celui-ci a aspiré le mélange qui est venu remplir le cylindre, et, après qu'en revenant à sa position primitive il a comprimé ce mélange dans le fond de la culasse.

Ce qui a donné à l'électricité sa supériorité incontestable sur tous les autres procédés d'allumage, c'est qu'elle est seule à permettre de déterminer exactement, et suivant les besoins, le moment précis où cet allumage doit s'opérer afin de donner le maximum d'effet. On conçoit qu'il est possible de faire tourner le moteur

plus ou moins vite suivant que l'on avance
le moment de cet allumage sans attendre que
le piston soit revenu exactement à son point
de départ. De même, on peut reculer cet instant en n'opérant l'allumage qu'après que le
piston a achevé sa compression et commencé
sa troisième demi-course.

Cet avantage, que ne saurait procurer le tube
incandescent, de régler la vitesse de rotation
du moteur à volonté et suivant les circonstances,
s'ajoute à celui de l'instantanéité de l'explosion
du mélange dans le cylindre, condition indispensable avec des moteurs faisant 2400 tours
par minute, soit quarante tours par seconde ou
un total de 80 opérations successives dont
20 allumages.

Il a donc fallu étudier de très près les phénomènes assez complexes qui se produisent à
l'intérieur des moteurs à grande vitesse pour
élucider l'une après l'autre toutes les inconnues
du problème et créer l'appareillage perfectionné
dont on dispose maintenant et que nous passe-
rons en revue dans les pages qui vont suivre.

Tout d'abord on a employé des piles primaires
dont le courant était transformé en traversant
les spires d'une bobine d'induction, genre

Ruhmkorff, dans laquelle les interruptions du courant primaire étaient opérées par un marteau-trembleur placé sur la bobine même. Puis on ne tarda pas à remarquer qu'il était préférable de séparer l'interrupteur de la bobine et on l'installa sur une plaque isolante auprès du moteur. En modifiant à la main la position occupée par l'interrupteur par rapport à l'organe commandant son mouvement, on déplace le moment où s'opère le contact et où s'effectue l'allumage, celui-ci ayant lieu alors que le piston n'a pas encore terminé sa course de compression ou qu'il l'a achevée et commencé la suivante.

Le problème de l'*avance à l'allumage* ayant été résolu par cet artifice de l'interrupteur mécanique séparé dont on a imaginé plusieurs dispositifs perfectionnés d'après les indications de l'expérience, il a suffi d'améliorer les détails du mécanisme électrique en suivant les progrès de la construction des moteurs.

C'est ainsi que l'on a combiné des systèmes de piles chimiques de plus en plus pratiques et à grand débit pour actionner les bobines devant fournir la tension indispensable au courant, puis que l'on a construit des modèles spéciaux

d'éléments d'accumulateurs de grande capacité.
Ensuite, on a songé à substituer à ces générateurs d'électricité, des réductions de machines
électro-magnétiques à aimants naturels ou artificiels. En même temps on améliorait les systèmes interrupteurs, les mécanismes d'*avance
à l'allumage*, et surtout les allumeurs ou *bougies*, aux pointes desquelles jaillit la précieuse
étincelle chargée de produire la déflagration du
mélange. Tout un matériel nouveau était créé ;
une foule d'instruments nouveaux faisaient leur
apparition, l'esprit des inventeurs se donnait
libre carrière, et de ces efforts vers un but unique résultait la formule définitive de l'allumage
rationnel, le seul rendant le moteur d'automobile véritablement pratique.

CHAPITRE III

Les Piles.

Si l'on dispose dans un vase contenant de l'eau salée ou additionnée d'un peu d'acide sulfurique, une lame de zinc et une lame de cuivre séparées l'une de l'autre et que l'on réunisse ces deux plaques métalliques par un fil conducteur, on remarque que le zinc est immédiatement attaqué par l'acide. Il se dégage des bulles d'hydrogène sur le cuivre, et, en approchant une boussole du fil, on constate une déviation de l'aiguille aimantée qui démontre la circulation d'un courant électrique dans ce conducteur.

On peut expliquer ce phénomène en considérant que l'état d'équilibre des molécules de l'eau a été détruit par l'addition de l'acide sulfurique et la présence du zinc. L'affinité réciproque de l'hydrogène et de l'oxygène, corps constitutifs de l'eau est détruite : les forces qui

les maintenaient n'existent plus, et l'équilibre est
rompu. L'action produite par l'acide et le zinc
pour détruire la combinaison des deux gaz n'é-
tant combattue par aucune réaction, puisque le
cuivre et l'hydrogène n'ont pas assez d'affinité
pour se combiner dans ces conditions, et en
vertu des lois sur la conservation de l'énergie,
il faut que cette force libérée se manifeste. C'est
elle qui, en se transformant, donne naissance à
ce que l'on appelle la *force électromotrice*
(*f. é. m.* en abrégé).

Lorsque les deux plaques zinc et cuivre sont
séparées, l'action électrique s'arrête presque
immédiatement, l'équilibre électrique propre à
chaque métal étant obtenu. Mais il n'en est
plus de même en les reliant par un conducteur ;
chacun de ces métaux se trouvant à un potentiel différent, un courant s'établit de l'un à l'autre,
et les constantes de ce courant diffèrent natu-
rellement en raison des affinités propres à chaque
substance, de la masse de métal attaquée par
l'acide, et des résistances dues au liquide lui-
même et au conducteur réunissant les plaques.

Le courant électrique continuerait à se déga-
ger jusqu'à saturation complète de l'acide et sa
combinaison avec le zinc, si l'hydrogène qui

prend naissance ne venait pas adhérer fortement
à la lame de cuivre qu'il entoure d'une sorte
de gaîne gazeuse isolante ou du moins très
mauvaise conductrice de l'électricité. Il se crée
donc, de ce fait, une résistance, en même temps
que la production d'une force électromotrice
contraire, par suite de la tendance de l'hydrogène à se recombiner, et il résulte un affaiblissement notable et rapide du courant développé,
ce que l'on appelle le phénomène de la *polari-
sation*.

Cet inconvénient une fois reconnu, l'ingéniosité des inventeurs se porta sur les moyens de
supprimer ou d'atténuer ce phénomène en absorbant l'hydrogène à mesure de son dégagement ou en l'empêchant d'adhérer à la lame de
cuivre ou électrode positive. Toutes les combinaisons chimiques furent successivement éprou-
vées pour réaliser ces desiderata et maintenir la
constance du courant; certaines solutions non
dépourvues d'intérêt furent proposées, mais quoi
qu'on ait pu faire, la pile est restée, en dépit de
son rendement remarquablement élevé en énergie, un générateur peu pratique et auquel on
ne peut guère demander de grandes quantités
de courant. Au-delà d'une certaine puissance,

la pile devient d'un entretien extrêmement coû-
teux, sans compter l'ennui des manipulations
qu'elle exige ; aussi ne peut-elle rendre de réels
services que tant qu'on ne lui demande qu'une
fourniture relativement infime d'énergie.

En matière d'automobilisme, pour l'allumage
du mélange tonnant à l'intérieur des cylindres
de moteurs transportables, il n'est qu'un seul
genre de pile hydro-chimique qui puisse être
employé avec avantage : c'est la pile au chlorure d'ammonium, autrement dit à *sel ammoniac*.

Le type de ces piles, d'où dérivent tous ceux
qui se trouvent sur le marché, est celui qui a
été étudié par l'électricien Leclanché, et dont
l'usage est rapidement devenu universel pour
toutes les applications où il n'est besoin que
d'un courant faible et intermitten. La dépolarisation se trouve ainsi parfaitement réalisée
pendant les périodes de repos, et la décharge
de la pile est très longue. Ainsi, une courbe
relevée au Laboratoire central d'électricité sur
un élément Leclanché à plaques agglomérées
travaillant *sans arrêt* sur une résistance fixe
de 10 ohms, montre que l'intensité qui était,
au moment de la fermeture du circuit, de

160 milliampères était encore de 70 milliampères après 50 jours. La force électromotrice était descendue, pendant ce temps, de 1,6 volt à 0,6 volt. En court-circuit, cette pile eût pu débiter de 20 à 25 ampères pendant le coup de fouet, au début de la mise en marche.

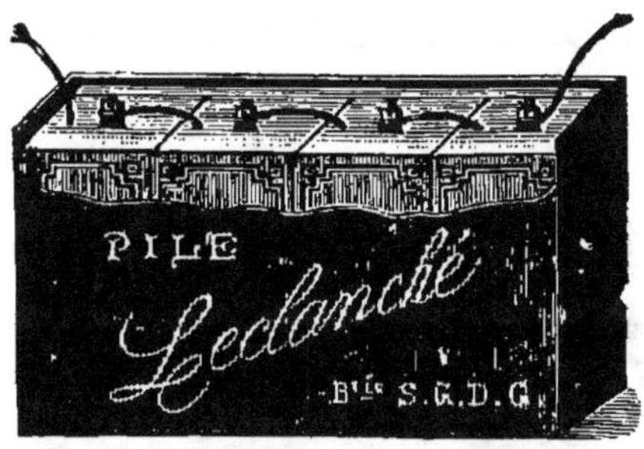

Fig. 2. — Batterie de piles Leclanché
pour motocycles.

On a dit souvent que le besoin faisait naître l'organe : l'automobile réclamant un générateur de courant réellement d'usage pratique, on a modifié les dispositions données à la pile Leclanché pour la rendre aussi énergique que possible, sous un volume très réduit, et en faire un appareil transportable à bord d'une voiture, et ces conditions, en apparence inconciliables, ont pu finalement être réunies dans les modèles récents.

Tout d'abord on a songé à augmenter la capacité et le débit de ces piles, et on y est parvenu en donnant à l'électrode positive la forme d'un cylindre composé d'un mélange de graphite très pur et de peroxyde de manganèse en grenaille, aggloméré sous une très forte pression, et enfermé avec une plaque de charbon ordinaire servant de collectrice de

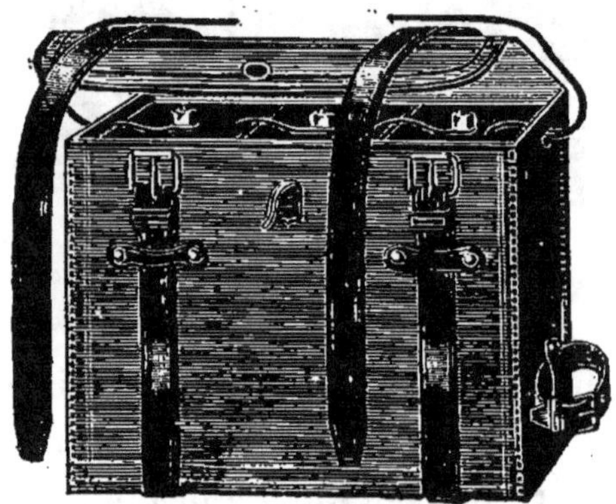

Fig. 3. — Batterie de 3 éléments Leclanché en boîte (Henrique).

courant à l'intérieur d'un sac en toile forte. Ce bloc cylindrique est entouré d'une feuille de zinc ordinaire roulée autour de lui, mais sans le toucher, et qui constitue l'électrode négative. Le tout plonge dans une solution saturée de sel ammoniac dans l'eau pure. Il existe deux grandeurs de ces éléments : les premiers ont une capacité de 50 à 60 ampères-heure et un poids total de 1500 grammes environ, les autres, qui pèsent 3 kil. 300 ont une capacité de 180 à 200 ampères.

Mais de semblables piles ne seraient guère transportables, et l'on risquerait fort de voir le liquide s'échapper des bocaux par les cahots et les trépidations de la voiture. C'est pourquoi on a songé à *immobiliser* ce liquide en le faisant absorber par une substance coagulable telle que la gélose ou l'agar-agar. On obtient ainsi une espèce de gelée transparente, contenant, en suspension dans sa masse, le sel excitateur, et qui est assez consistante pour ne pouvoir s'épancher en dehors des récipients.

Comme il est nécessaire de disposer d'une tension d'au moins 4 volts pour actionner les bobines d'induction d'allumage, les batteries de piles pour les usages de l'automobile se composent ordinairement de quatre éléments disposés côte à côte dans une sacoche de cuir ou une boîte en bois ou en loréide chagrinée. Dans ces éléments, le récipient est formé d'une feuille de zinc pliée, soudée pour prendre la forme d'une boîte à quatre faces plus haute que large, et laquée ou vernie à l'extérieur. Cette boîte constitue en même temps l'électrode négative ; l'électrode positive est un aggloméré à sac disposé au centre de la boîte. Dans les modèles à bon marché le liquide actif est immobilisé tout simplement avec de la sciure de bois bien tassée autour du sac et remplissant le vide entre celui-ci et les parois internes d'un récipient métallique.

On fabrique ordinairement ces éléments sur quatre grandeurs : la première série pour les motocyclettes, la deuxième pour les motos et voiturettes, les deux autres pour les grosses voitures. La capacité va depuis 30 ampères-heure pour les premiers, à 150 ampères-heure pour les plus grands éléments, et le poids va de 1500 grammes à 4 kil. 500 pour la batterie de quatre éléments. La tension moyenne des quatre éléments réunis en tension est de 5 à 6 volts ; une semblable batterie peut assurer l'allumage pour un parcours de 1500 à 2500 kilomètres, c'est-à-dire pendant une durée très prolongée.

On désigne ces piles à liquide immobilisé sous le nom de *piles sèches* mais on vient de voir que cette dénomination est au moins abusive, puisque en réalité le liquide est seulement absorbé et condensé sous forme de pâte épaisse et gélatineuse imbibée de solution active.

Fig. 4. — Pile Volta de Pérez.

Nous n'insisterons pas davantage sur ce genre d'éléments très appréciés des chauffeurs et ne décrirons pas les variantes auxquelles ils ont donné essor, tels que les piles *Etoile, Nilmelior, Hydra, Delafon,* etc., que l'on a pu voir à toutes les expositions d'automobiles, et nous renverrons le lecteur désireux de renseignements plus détaillés sur la composition intérieure de ces piles, à l'intéressante et instructive brochure publiée sur ce sujet par M. Berthier(1).

Fig. 5. — Elément Nilmelior.

La Société d'allumage électrique « *Compound* » a fait connaître un modèle de pile au

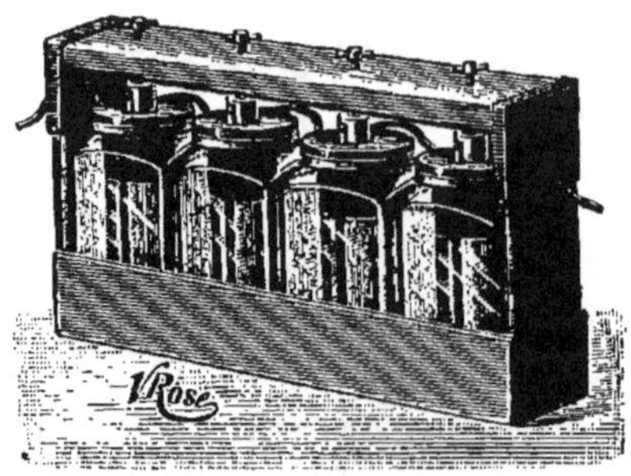

Fig. 6. — Pile « Compound ».

(1) *Les piles Sèches*, par M. Berthier. Broch. in-16, Desforges, éditeur.

chlorure d'ammonium à pièces interchangeables et à puissance réglable à volonté. La figure 6 représente une batterie de quatre éléments de ce genre, et, à part (fig. 7 et 8), les électrodes constitutives.

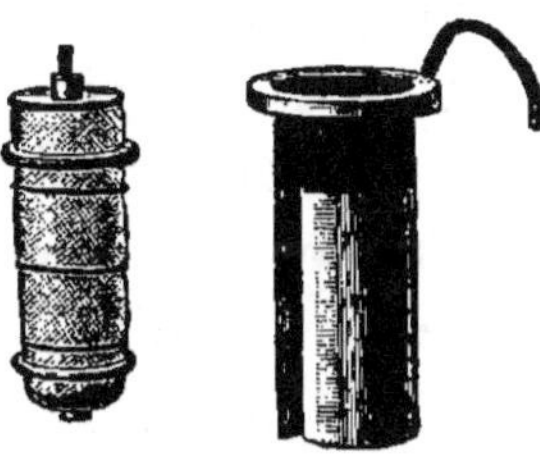

Fig. 7 et 8. — Electrodes de la pile « Compound ».

Ainsi qu'on peut s'en rendre compte, le positif de cet élément est un sac d'aggloméré avec tige de charbon centrale pour la prise de courant ; le négatif étant un zinc tubulaire et le vase extérieur est en verre protégé par un matelas en molleton.

Cette pile est susceptible de fournir de 120 à 150 heures de marche et reste indéfiniment chargée au repos ; on peut la recharger, lorsqu'elle est épuisée comme on ferait d'une pile à sonnerie ordinaire. Elle peut donc servir, soit comme générateur habituel, soit comme appareil de secours le cas échéant.

Mentionnons encore, un autre système de pile
à liquide libre, qui a été proposé dans le but
de remplacer les modèles à liquide immobilisé
et présente l'avantage d'avoir une résistance
intérieure beaucoup moins grande, ce qui permet d'avoir un débit plus considérable et une
étincelle plus nourrie. Parmi celles-ci, la pile
Leblond mérite d'attirer l'attention.

C'est une pile à sac, à aggloméré cylindrique
entouré d'un zinc circulaire exempt de plomb
et d'arsenic. Le bioxyde de manganèse est obtenu par voie électrolytique et, dans cet état
moléculaire spécial, il cède facilement son oxygène, ce qui assure une dépolarisation parfaite.
Le liquide excitateur est une solution saturée
d'azotate d'ammoniaque, avec addition de certains sels organiques. Enfin, une fermeture
hermétique clôt le récipient, ne laissant qu'un
orifice très petit, formé par un bouchon à vis
pour le dégagement des gaz, si bien qu'il est
impossible qu'une seule goutte de liquide
puisse s'épancher au dehors.

Le modèle de pile liquide de **M.** Perez présente l'avantage de pouvoir se conserver indéfiniment sans usure ; elle a une capacité en ampères-heure supérieure à celle des piles sèches

ordinaires et son débit reste constant depuis le début jusqu'à la fin de la décharge.

Ce modèle se présente sous l'aspect d'une boîte de bois noir fermée par un couvercle ; en levant celui-ci on aperçoit quatre orifices fermés par des bouchons ; d'autre part, quatre regards latéraux permettent de voir l'intérieur des quatre éléments rangés dans la boîte. Ces éléments contiennent tous les produits nécessaires à la génération du courant, y compris la dose de sel excitateur pour le fonctionnement, mais, ces sels étant à l'état de cristaux, la pile ne peut entrer en action que lorsqu'on a ajouté la quantité d'eau indispensable pour opérer la dissolution de ces cristaux. L'appareil peut donc rester indéfiniment en magasin sans avoir à redouter aucune détérioration, ce qui n'est pas le cas avec les piles dites sèches, dans lesquelles il se produit à circuit ouvert un courant très faible qui, à la longue, épuise la pile qui perd ainsi peu à peu sa capacité.

On peut encore employer ce système comme pile de secours ; on place la caisse dans un coin de la voiture, et le moment venu, en cas de détérioration ou de court-circuit, mettant hors de service la batterie, l'accumulateur ou la ma-

gnéto en usage, il suffit de remplir les éléments d'eau pure jusqu'à la hauteur des regards,
pour avoir instantanément un courant de l'intensité voulue pour assurer un bon allumage et
remplacer la source d'électricité épuisée ou dé-
tériorée.

Il existe d'ailleurs, hâtons-nous de le reconnaître, de nombreux systèmes de piles primaires qui ont été proposées comme piles de secours pour remplacer instantanément la batterie en service et qui refuse de débiter.

Ces piles contiennent tout leur chargement
de produits, et il suffit, pour les mettre en action, d'ajouter l'eau nécessaire à la dissolution
des sels. Dans d'autres systèmes, le récipient,
en matière inattaquable aux acides, contient
les deux électrodes et un flacon rempli de sel
excitateur l'accompagne ; on fait fondre ce sel
chimique dans la quantité d'eau indiquée, et on
verse cette dissolution dans le récipient. Mais
il est bon de remarquer qu'avec ces éléments à
mélange chromique, la décharge est rapide, le
courant très intense au début, s'affaiblit rapidement et, au bout de quelques heures, on est
obligé de renouveler le liquide épuisé. La pola-

risation est beaucoup plus lente avec les mélanges à base de sel ammoniacal.

MM. Commelin et Viau ont fait connaître sous le nom de l'*Energique*, une pile mixte

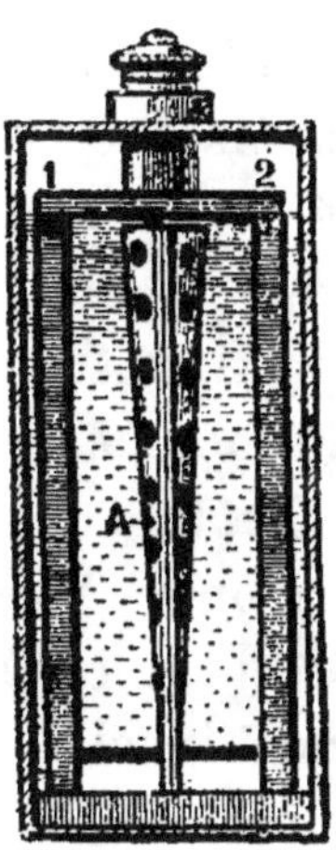

Fig. 9. — Pile mixte « l'*Energique* ».

qui utilise parfaitement les matières actives dont la consommation est nécessaire pour produire le courant. Ce modèle ne distribue l'électricité développée que par doses successives et au gré du chauffeur, conserve sa charge pendant un temps très long, rend le danger des courts-circuits internes sans importance et évite toute dépense et tout travail à circuit ouvert.

D'après la figure schématique 9 ci-contre, on voit que cet élément se compose de deux électrodes positives au peroxyde de plomb, et d'un panier métallique en plomb antimonié. Le liquide actif est tout simplement de l'eau acidulée sulfurique à la densité de 30° Baumé, soit 20 p. 100. Le négatif est composé par un alliage métallique, de composition particulière, que l'on dépose dans le panier au moment où l'on a besoin du courant. Aussitôt, la pile qui, auparavant, n'accusait qu'une tension de 1 volt à peine, fournit 4 volts 4, c'est-à-dire le chiffre nécessaire pour obtenir une bonne étincelle.

Ce générateur ne peut donc pas se décharger au repos, puisque c'est le chauffeur lui-même qui le met en action par l'introduction de l'alliage métallique. On peut donc le conserver en magasin sans qu'il perde ses propriétés ; on a la certitude, en plaçant cette pile comme secours dans le coffre de la voiture, qu'elle ne se polarisera pas ni ne refusera pas de fonctionner au moment où l'on devra recourir à ses services. Enfin, son débit demeure constant et sa tension est très supérieure à celle fournie par un accumulateur.

Comme ce dernier, la pile Commelin peut être chargée en la plaçant sur un courant du quinzième de sa capacité. C'est-à-dire que pour recevoir sa charge complète, un élément de 45 ampères-heure, devra rester pendant 15 heures au régime de 3 ampères.

Malgré la présence de l'alliage métallique dans le panier, l'*Energique* n'use pas à circuit ouvert, cet alliage étant inattaquable par l'acide. Elle ne débite qu'en circuit fermé, et aussitôt cet alliage consommé, la production cesse jusqu'à ce que l'on ait ajouté un nouveau fragment.

Cette pile donne une solution intéressante du problème de la pile pour automobiles, mais son usage ne s'est pas encore très répandu, et la pile à liquide immobilisé est encore le générateur le plus usité. Mais cette source d'énergie présente le grave inconvénient, nous l'avons dit, de s'épuiser assez rapidement, et, comme on ne peut la recharger ainsi qu'on le ferait d'un élément d'accumulateur, on est obligé de changer la batterie épuisée pour une neuve.

Un motoriste soigneux et adroit pourrait cependant reconstituer, lui-même ses piles, et, à ce sujet, je reproduirai les indications que j'ai publiées dans la *Chronique de l'Automobilisme* de la revue *Science, Art, Nature*, l'année dernière :

On commence par démonter avec précaution les diverses parties de la pile, on casse la cire qui bouche le récipient et l'on fait tomber dans une assiette la matière qui le remplit. On sort ensuite doucement le charbon pour ne pas le casser et on le nettoie soigneusement, ainsi que la lame de zinc, en les frottant à grande eau avec une brosse.

Pour reconstituer l'aggloméré qui remplissait la pile et que l'on a jeté, car il est devenu inerte, on prend :

250 gr. de bioxyde de manganèse en poudre ;
250 — de charbon de cornue concassé en petits morceaux ;
100 — de chlorhydrate d'ammoniaque.

Mélangez le bioxyde de manganèse et le charbon en les humectant d'eau pour obtenir une pâte épaisse et faites autant de parts de cette pâte que vous avez d'éléments à recharger.

A l'aide d'un bout de bois plat, étendez régulièrement autour de chaque plaque de charbon

la part qui lui revient; replacez dans un sac
neuf en grosse toile d'emballage le bloc ainsi
obtenu, serrez fortement, en le saucissonnant à
l'aide d'une ficelle, le sac autour du charbon
ainsi garni, en laissant dépasser celui-ci d'environ un centimètre, et placez ce sac dans le récipient de zinc.

Vous avez fait fondre, d'autre part, le chlorhydrate d'ammoniaque dans une petite quantité d'eau, de manière à avoir une solution saturée. Quand l'eau ne peut plus dissoudre de
sel excitateur, on jette dans le vase qui la contient un cofferdam quelconque capable d'absorber tout le liquide (sciure de bois, algue
agar-agar, fibre de noix de coco, etc.). On obtient ainsi une pâte molle dont on remplit le
vide séparant le sac de charbon du zinc. Tassez,
pressez, remettez la plaque formant l'élément,
ou, à défaut de fermeture, un carton épais que
vous saupoudrez de cire à cacheter pulvérisée.
Essuyez les bords du vase de zinc, chauffez la
cire et bouchez hermétiquement le bloc en laissant toujours deux petits trous pour l'échappement des gaz se produisant pendant le fonctionnement. C'est tout.

Les deux bornes de prise de courant sur le

zinc et la lame de charbon doivent faire saillie et être tenues très propres, un contact défectueux pouvant empêcher le courant de passer ou amener un court-circuit capable de décharger la pile en quelques heures. Les éléments refaits de la manière que nous venons d'indiquer sont ensuite connexés l'un avec l'autre et la batterie peut travailler comme si elle était absolument neuve.

Comme le prix de ces batteries est encore assez élevé, le chauffeur pourra trouver avantage à reconstituer lui-même, de la façon qui vient d'être expliquée, ses éléments; la dépense est insignifiante, et pour réussir cette petite cuisine, il faut seulement de la précaution dans le démontage et le remontage des électrodes, et dans l'empâtage des positifs.

CHAPITRE IV

Les Accumulateurs.

Les accumulateurs jouent un rôle très important dans l'automobilisme, qu'on les emploie à fournir la force motrice actionnant les essieux ou qu'ils servent à assurer l'allumage des gaz dans l'intérieur des cylindres moteurs.

C'est pourquoi les systèmes sont maintenant légion et les accumulateurs très différents dans leurs dispositions, qui toutes ont pour but, dans l'idée de leurs constructeurs, d'assurer aux éléments la plus grande capacité possible, eu égard à leur poids, en même temps qu'une grande solidité donnant une grande durée aux électrodes. La chose n'est cependant pas aisée à réaliser, et il est difficile de réunir ces qualités dans ce genre d'appareils ; cependant il faut reconnaître que, grâce à l'expérience acquise depuis quinze ans en matière d'accumulateurs, on est parvenu

à créer des types d'éléments réellement robustes
tout en possédant une capacité élevée, conditions cependant inconciliables.

Nous n'avons pas besoin de rappeler que les
seuls accumulateurs en usage ont des électrodes
de plomb, ce métal étant le seul qui présente à
un degré aussi haut les qualités d'absorption
indispensables à ces réservoirs d'énergie. Mais
il a fallu vaincre bien des difficultés insoupçon-
nées au début pour leur donner les qualités que
l'on est en droit de réclamer d'un outil d'usage
continuel. Or, c'est la solidité qui a constitué le
problème le plus difficile, car, sous l'action du
courant de charge, la pâte d'oxyde de plomb
fixée sur un support conducteur, se dilate, *foi-
sonne*, suivant le terme adopté, pour se con-
denser et s'affaisser pendant la décharge. De
ces dilatations et de ces contractions successives
résultait le décollement de l'oxyde qui ne tar-
dait pas à quitter son support et à se répandre
au fond du récipient en établissant de faux contacts ou courts-circuits entre les plaques.

L'ingéniosité des électriciens s'est donc
exercée sur les formes à donner aux grilles de
support et de prise de courant, dans le but d'é-
viter ces inconvénients, et, comme on le verra

par les descriptions qui vont suivre, plusieurs d'entre eux sont parvenus à tourner cette difficulté et établir des appareils de grande robustesse et capables de donner entière satisfaction.

Fig. 10. — Elément Fulmen (Perez).

L'accumulateur est donc une sorte de pile à électrodes de plomb baignant dans un électrolyte formé d'eau acidulée sulfurique à 20 ou 22° Baumé. L'énergie électrique est emmagasinée sous forme de travail chimique ; en réunissant ensuite les bornes de l'élément à celles de l'appareil à actionner, par deux fils conducteurs, ce travail est restitué sous forme de courant, avec une perte de près d'un tiers, sur la quantité d'énergie fournie par la source primaire.

La tension d'un élément d'accumulateur chargé est de 2,2 volts au moment de la mise en marche. Elle descend au bout de quelques instants à 2 volts, pour s'y maintenir pendant presque toute la durée de la décharge. Quand la tension est descendue à 1,8 volt, il faut procéder à la recharge, ou au moins interrompre la décharge pour ne pas détériorer l'appareil.

L'accumulateur est supérieur, pour les usages de l'automobile, à la pile, car il possède un voltage plus élevé et un débit plus considérable, qui permet d'obtenir une étincelle d'allumage beaucoup plus chaude. Mais il nécessite de grands soins d'attention pour éviter les courts-circuits intempestifs et la dégradation des électrodes, et, si l'on ne dispose d'aucune canalisation de distribution d'électricité à sa portée, on est obligé de recourir aux piles primaires pour la recharge, et alors on peut se demander s'il n'est pas plus simple et s'il ne vaut pas mieux employer directement les piles à l'allumage du moteur, plutôt qu'interposer des accumulateurs ayant en résumé le même but.

Fig. 11. — Accumulateur pour voitures
de Heinz et Cie.

Quoi qu'il en soit, les uns et les autres ont leurs avantages et leurs inconvénients, et, puisque nous parlons des accumulateurs, nous allons dire un mot de la fabrication (1) de l'un des types les plus estimés, à plaques à oxydes rapportés et dû à M. Heinz, ingénieur électricien. Cette fabrication peut être divisée en plusieurs phases qui sont :

1° La fonderie et l'ébarbage des supports de matière active ;

2° L'empâtage et le séchage ;

3° La formation, ou développement de la capacité des plaques ;

4° La mise en bacs et le montage des éléments.

Pour la fonte de certains supports de matière active, on emploie le plomb doux, tandis que l'on prend pour d'autres un alliage de plomb et d'antimoine : les supports pour électrodes d'accumulateurs d'allumage sont toujours coulés en alliage inoxydable. L'empâtage est l'opération qui consiste à remplir les supports de matière active que l'on tartine dans les alvéoles ou dans les creux de ces supports. La matière active, dont M. Heinz fait usage, est composée d'oxyde de plomb (minium ou li-

(1) Pour de plus amples détails sur ce sujet, consulter l'ouvrage de GRÜNWALD, *Manuel de la fabrication des accumulateurs*, traduit de l'allemand par P. Grégoire. Paris, H. Desforges, éditeur, 1906.

tharge), ou d'un mélange de ces deux substances. La pâte, au moment de l'empâtage, est perforée d'une multitude de petits trous pour augmenter la surface de la matière active et faciliter la circulation du liquide.

Les plaques empâtées une fois *formées* par le passage d'un courant électrique de constantes en rapport avec leur poids et leur surface, on procède au montage des éléments à l'intérieur des bacs hermétiques, ordinairement en celluloïd transparent pour les types d'allumage.

Tel est le mode de fabrication des accumulateurs Heinz, l'un des modèles les plus estimés, et dont les preuves ne sont plus à faire. Nous allons décrire maintenant quelques autres modèles présentant également de réelles qualités.

Accumulateurs Paul Gadot. — Le nom de Paul Gadot est connu depuis vingt ans dans l'industrie des accumulateurs ; c'est en effet ce savant qui est le créateur d'une des premières formes réellement pratiques de plaques, qui a été imitée bien des fois depuis cette époque par divers constructeurs, et qui se compose, en principe, d'une grille double, à dépouille intérieure sertissant les pastilles de matière active

d'une façon inébranlable. Les barreaux mé-
nagent entre eux des alvéoles moins grandes
à la surface qu'au milieu de l'épaisseur. Cette

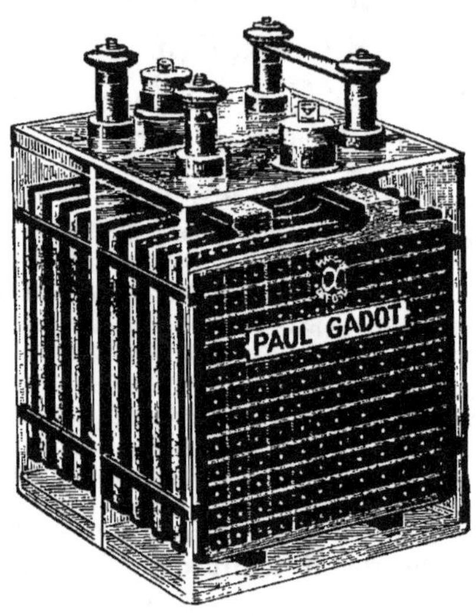

Fig. 12. — Elément double de Paul Gadot.

grille est fondue en deux cadres à barreaux
rectangulaires que l'on assemble en faisant
coïncider les arêtes, à l'aide de rivets en plomb.
La plaque ainsi constituée comprend dans
chaque sens six alvéoles par exemple remplies
d'un mélange de minium et de litharge, malaxé
avec de l'acide sulfurique dilué. Après avoir reçu
leur provision de pâte d'oxydes, les plaques

sont comprimées sous la presse hydraulique à une forte pression et l'adhérence entre la matière active et son support est parfaite.

Tel est le mode de préparation des plaques

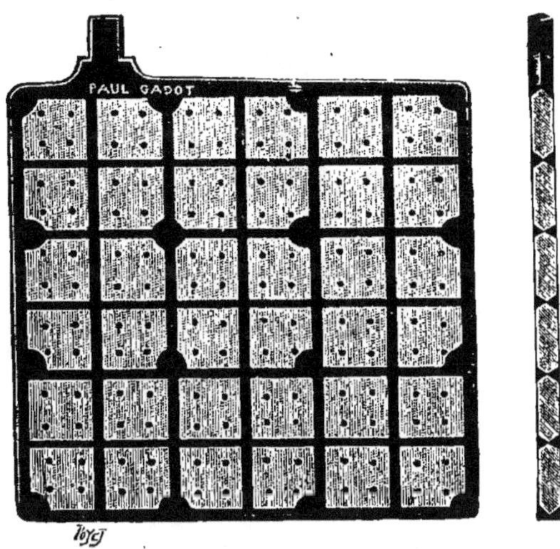

Fig. 13. — Plaque d'accumulateur de Paul Gadot.

positives. Pour les négatives, le nombre d'alvéoles est doublé, à égales dimensions de plaques, par suite du doublement du nombre des barreaux dans chaque sens ; et les pastilles en raison de leur forme même, sont solidement maintenues par suite de leur sertissage entre les barreaux.

Les plaques sont montées dans des bacs en celluloïd transparent et assemblées par polarité à l'aide de barrettes de plomb antimonié inoxydable et portant les bornes de prise de courant. Celles-ci traversent le couvercle de

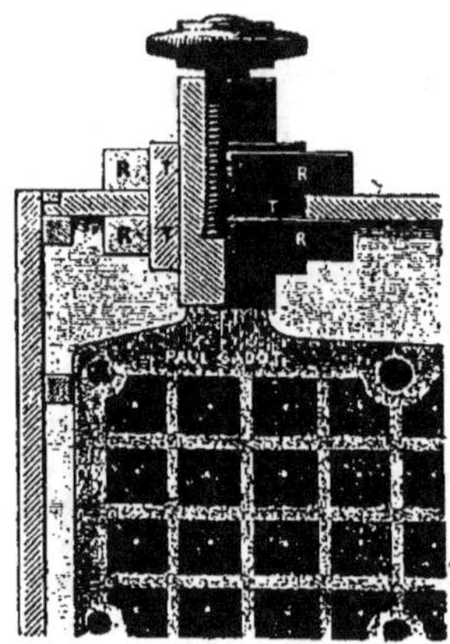

[Fig. 14. — Prise de courant des éléments Paul Gadot empêchant la sulfatation des bornes.

l'appareil à l'intérieur de bouchons de caoutchouc formant joint étanche ; le couvercle est percé en son milieu d'un orifice servant au remplissage, orifice qui est obturé en temps ordinaire, par un bouchon en caoutchouc traversé par un petit tube de verre, pour assurer l'échappement des gaz résultant du fonctionnement.

Pour les applications à l'allumage des moteurs, ces éléments sont en général assemblés par deux dans un bac unique, de façon à donner une tension de 4 volts ; cette petite batterie peut être facilement logée dans une sacoche de cuir ou une boîte légère en bois verni.

Le petit tableau ci-dessous résume les conditions d'établissement des accumulateurs Paul Gadot.

Capacité en ampères-heure (1)	Régime de charge en ampères	Dimensions extérieures d'encombrement en millimètres			Poids approximatif total en kilog.
		Hauteur bornes comprises	Longueur	Largeur	
20	2	165	116	35	1,600
40	4	165	116	60	2,680
60	6	165	116	86	3,760
80	8	165	116	112	4,840
100	10	165	116	138	5,920

(1) Débit ordinaire moyen de 0,5 ampères.

Accumulateur multibulaire. L'électrode de ce système est composée : 1° d'une tige conductrice centrale en plomb antimonieux inoxydable ; 2° d'un tube en ébonite perforé de petits trous très rapprochés, de manière à former une sorte de tissu ou de grillage fin ; 3° d'un tube extérieur en plomb antimonieux ajouré qui entoure le tout. La matière active est tassée entre la tige centrale et le tube d'ébonite, en quantité rigoureusement égale pour tous les tubes, afin d'assurer une égale répartition de travail entre tous les tubes d'un élément. La tige conductrice centrale est isolée du tube de plomb extérieur, de manière à ce que le courant soit obligé de traverser toute la matière active. Celle-ci n'étant pas comprimée, peut se dilater librement dans tous les sens pendant la charge sans abandonner le support conducteur. En même temps, le tube extérieur maintenant le tube d'ébonite, s'oppose à toute déformation de celui-ci et rend les courts-circuits internes sans importance.

Accumulateur Schmitt. Ce système a beaucoup attiré l'attention lors de son apparition, en raison du principe entièrement nouveau sur lequel il est basé et qui en fait le type le plus puissant sous le volume le plus réduit.

Accumulateur Compound. Ce système se distingue par la construction particulière de ses plaques qui se composent de trois parties distinctes : 1° le châssis ; 2° le cadre ; 3° les séparateurs. Le châssis est un grillage en plomb à croisillons, cette disposition ayant l'avantage de donner une égale répartition du courant à travers la matière active. Entre ces croisillons se trouve comprimé l'oxyde de plomb, maintenu

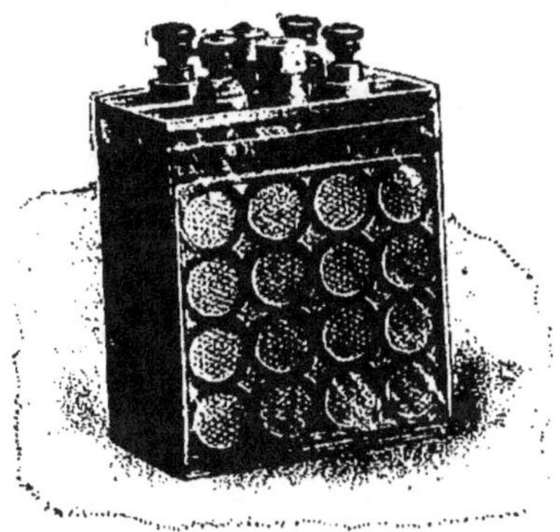

Fig. 15. — Accumulateur Compound.

par le cadre en plomb inoxydable, présentant l'aspect de croisillons circulaires, et contenant le châssis une fois que celui-ci a reçu sa charge de matière active. Les croisillons du cadre étant contrariés avec ceux du châssis et passant par le centre de chaque pastille, on comprend que celles-ci ne peuvent plus en aucune façon se désagréger ni sortir de leur alvéole puisqu'elles se trouvent maintenues, non-seulement par la compression sur leur surface latérale, comme dans les systèmes ordinaires, mais encore sur leur surface extérieure, étant en quelque sorte emprisonnées par le cadre qui forme comme une sorte de cloison à claire-voie.

Les séparateurs sont de minces lamelles d'ébonite ou de celluloïd perforé qui viennent s'introduire des deux côtés entre les châssis et le cadre. Leur but est non-seulement d'assurer une cohésion encore plus complète et éviter toute chute de matière, mais encore de créer une certaine résistance intérieure capable de faire équilibre à celle de la bobine. L'expérience a démontré, en effet, que s'il n'y a pas une proportion mathématique entre le débit de l'un et le travail de l'autre, l'accumulateur se videra par un débit exagéré et provoquera l'échauffement des fils de la bobine sans procurer un meilleur résultat ni augmenter en quoi que ce soit l'intensité de l'étincelle.

Les bacs des accumulateurs « Compound » sont en celluloïd, comme c'est aujourd'hui l'habitude pour ces appareils, ce qui donne toute facilité pour vérifier à chaque instant l'état des plaques et leur coloration. La fermeture des couvercles est opérée avec un mastic spécial. Les bouchons sont munis d'un petit tube à entonnoir pour le dégagement des gaz de la charge, tout en empêchant la projection du liquide acide. Ajoutons que les constructeurs fabriquent également des modèles d'accumulateurs de ce système avec liquide immobilisé à l'aide d'amiante, de cellulose ou de verre pilé, de même type et de mêmes dimensions que ceux qui viennent d'être décrits.

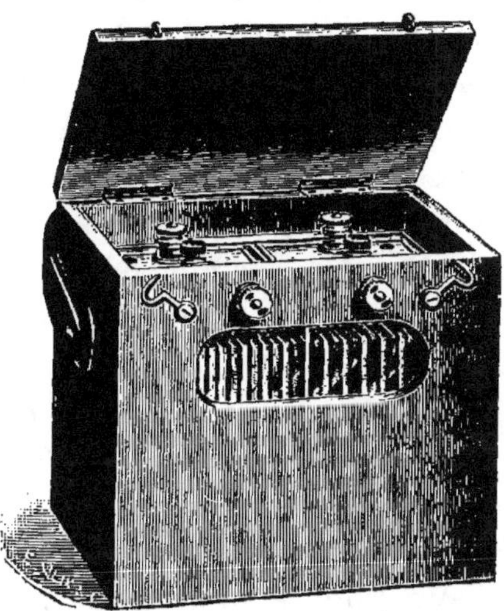

Fig. 16. — Accumulateur double « Joklop ».

Accumulateur « Joklop ». Ce système, dont la figure 16 représente l'aspect d'un des modèles, se distingue par certaines particularités qui en font un type très pratique à tous égards.

La fermeture des bacs est surtout bien étudiée pour donner une absolue herméticité, et un regard pratiqué dans la boîte d'enveloppe permet de se rendre constamment compte de l'état des plaques et de la conservation des éléments. Ceux-ci se construisent avec vase de verre ou bac celluloïd, à liquide libre ou immobilisé au moyen d'un électrolyte de composition particulière très bien étudié et qui n'ajoute aucune résistance anormale au circuit. Les accumulateurs « Joklop », peuvent donc fournir les meilleurs résultats pour toutes sortes d'applications, et pour l'éclairage des voitures aussi bien que pour l'allumage des moteurs.

Tels sont les systèmes d'accumulateurs d'allumage les plus intéressants qui aient été proposés au cours de ces années dernières. Nous devrions encore décrire, pour être complet, les modèles à plaques et à liquide libre ou immolisé de la Compagnie Tudor, d'Alfred Dinin, de Duchange, de Chaigneau, de Schulz, de Contades, de Lagarde, des Sociétés *Union*, *Sirius*, *Aigle*, *Invicta*, *Fulmen*, et les systèmes mixtes de Max et Holden, Blot, Vasseur, Dary, des Sociétés l'*Electrodock*, *Saturne*, *Tommasi* et Barbier. On voit que l'amateur n'a que l'embarras du choix entre tous ces appareils qui se disputent la faveur du public ; mais le peu de place dont nous disposons ici nous empêche de consacrer à chacun d'eux la notice spéciale qu'ils mériteraient au même titre que les précédents.

Nous terminerons ce chapitre par un mot sur l'entretien et le rechargement des accumulateurs d'allumage.

En ce qui concerne les précautions qu'il convient de prendre pour assurer la conservation de ces éléments, il faut noter d'abord qu'il ne faut jamais intercaler d'ampèremètre directement entre les bornes ; cet appareil ne peut indiquer, il ne faut pas l'oublier, que la valeur de l'intensité d'un courant traversant une section du conducteur pendant que le courant actionne un appareil. La mesure doit s'effectuer avec un voltmètre. Au début de la décharge, la tension doit être de 2,2 volts par élément ; lorsque cette tension s'abaisse au-dessous de 1,8 volt par élément, il faut arrêter la décharge, crainte de détérioration, et recharger le plus tôt possible.

Il ne faut jamais essayer de faire jaillir une étincelle entre les bornes des éléments au moyen d'une clef ou de tout autre objet conducteur, car on risquerait de le détériorer en faisant passer subitement un courant trop intense dans cet objet qui met les pôles en court-circuit.

Il faut veiller à ne pas laisser descendre le niveau du liquide au-dessous du niveau supérieur des électrodes, et, dans le cas où l'on serait obligé d'ajouter du liquide, il vaut mieux mettre de l'eau pure et non de l'eau acidulée, attendu que ce manque de liquide ne provient que de l'évaporation de l'eau. Il n'y a que dans le cas, où, par suite d'un accident quelconque, le contenu de l'élément s'est épanché au dehors, qu'il faut remettre de l'eau acidulée avec de de l'acide sulfurique au soufre. De toute façon, la densité de l'électrolyte ne doit pas dépasser $22°B$, ce dont on s'assure en plongeant un densimètre ou pèse-acide gradué dans le liquide qui est préparé d'avance dans un récipient en grès ou dans un flacon de verre.

Enfin conserver une rigoureuse propreté aux bornes et connexions des fils pour éviter l'oxydation et les sels grimpants qui peuvent amener de faux contacts ou des courts-circuits vidant l'élément en peu d'heures. Ces soins de vérification et de nettoyage sont indispensables si l'on

4.

veut conserver l'accumulateur en bon état pendant très longtemps.

Lorsque l'énergie contenue dans l'appareil

Fig. 17. — Chargeur d'accumulateur sur courant
d'un secteur.

est épuisée, il faut reconstituer la provision, et
pour cela deux moyens sont à la disposition du
chauffeur, suivant qu'il dispose ou non d'une

canalisation électrique de distribution d'éclairage à courant continu.

Il existe des systèmes de raccords, dont notre figure 17 ci-contre représente un spécimen et qui permettent de charger des accumulateurs sur ces canalisations. Le principe consiste à intercaler en dérivation sur le circuit d'une lampe à incandescence les éléments à charger. La lampe reste allumée pendant tout le temps que dure la charge, et règle l'intensité du courant qui pénètre dans l'accumulateur, en abaissant la tension du courant de distribution au voltage convenable pour cet appareil. Ce dispositif est très pratique, mais il cause un gaspillage de courant important à moins que l'on n'ait justement besoin de la lumière de la lampe pendant la durée de la charge.

Si l'on n'a pas à sa disposition de circuit d'éclairage, on sera obligé de recourir aux piles primaires pour récupérer cette charge, et il ne manque pas de systèmes de piles capables de fournir les 50 ou 60 ampères-heure que cette opération nécessite. Les meilleures piles pour cette application sont celles au bichromate de soude qui fournissent une grande intensité sous une tension de 1,9 à 1,2 volt. Si l'on a donc à charger un accumulateur double, il faudra trois éléments accouplés en tension et capables de débiter environ de 4 à 5 ampères.

Fig. 18. — Tableau de chage d'accumulateurs de Perrez.

La pile que représente la figure 19 convient particulièrement pour ce travail. La composition de sa charge est la suivante : Vase en grès extérieur, 3 parties en poids d'acide sulfurique du commerce à 66ᵉ pour 7 parties d'eau. Vase poreux intérieur contenant des déchets de zinc ou du zinc granulé, solution dépolarisante

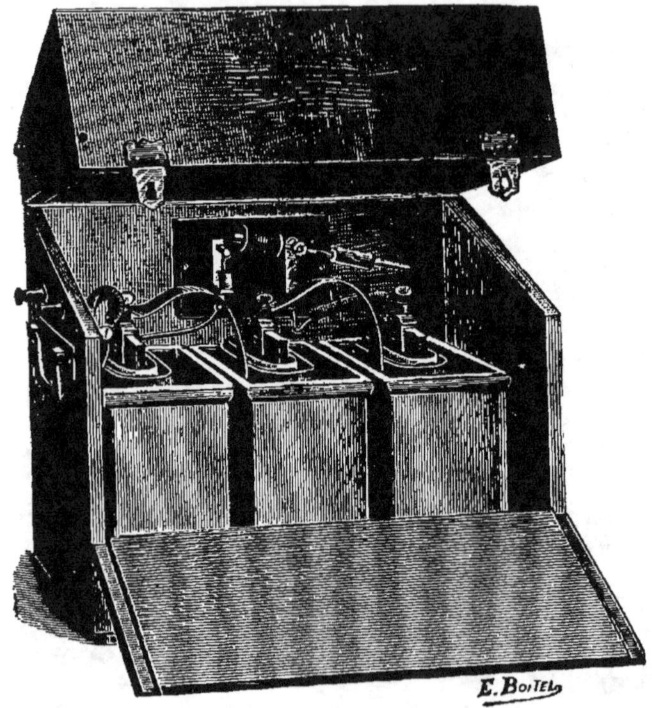

Fig. 19. — Pile au bichromate avec [disjoncteur automatique pour la recharge des accumulateurs.

formée de 150 grammes de bichromate de soude et 200 grammes d'acide sulfurique par litre d'eau. La capacité de cet élément varie, suivant sa grandeur, entre 15 à 40 ampères-heure.

Comme il est nécessaire de connaître à tout instant l'intensité et la tension du courant, on a combiné des tableaux de charge tels que ceux représentés ci-dessus et qui comprennent les instruments de mesure nécessaires pour le réglage. On a ainsi un générateur très commode et fournissant le résultat cherché.

CHAPITRE V

Les Bobines d'induction.

Les bobines d'induction sont des appareils indispensables pour donner au courant primaire fourni par une pile chimique ou un accumulateur la tension nécessaire pour produire une étincelle suffisamment chaude et nourrie aux pointes de l'allumeur ou bougie. Il est nécessaire de connaître, au moins superficiellement, le principe sur lequel est basé ce système et les détails de son fonctionnement, et c'est pourquoi nous lui consacrerons ici quelques paragraphes.

La bobine est un transformateur électro-magnétique basé sur les lois formulées par Œrsted et Faraday, et dont la principale peut être énoncée comme suit:

« Lorsqu'un courant électrique commence,

s'approche et augmente, il peut produire dans un circuit voisin indépendant un courant induit de sens inverse. Lorsqu'au contraire ce courant diminue, s'éloigne ou s'interrompt, il induit dans ce circuit voisin un courant de même sens ».

L'appareil classique, représenté par la figure 20 ci-contre, basé sur les principes de Faraday et construit par Ducretet, donne la démonstration de cette loi. Il est constitué par une bobine creuse H, dans laquelle peut pénétrer une seconde bobine i, de plus petit diamètre, pouvant elle-même recevoir en son centre un faisceau de fils de fer recuit mobile F dont l'usage sera indiqué un peu plus loin. Si, les deux extrémités du circuit de la bobine H étant reliées aux bornes d'un galvanomètre par les fils b et b', et la bobine i étant en communication avec une source d'électricité par les fils a et a', on vient à approcher brusquement et à introduire la seconde bobine dans la première, le circuit de celle-ci sera traversé par un courant dont l'intensité et le sens seront indiqués par le galvanomètre, l'intensité étant d'autant plus forte que le mouvement de la bobine mobile aura été plus brusque ; le sens sera inverse de celui du courant inducteur. Si, après avoir ensuite ramené au zéro l'aiguille du galvanomètre, on enlève brusquement la bobine mobile, on constate la production d'un nouveau courant induit; mais,

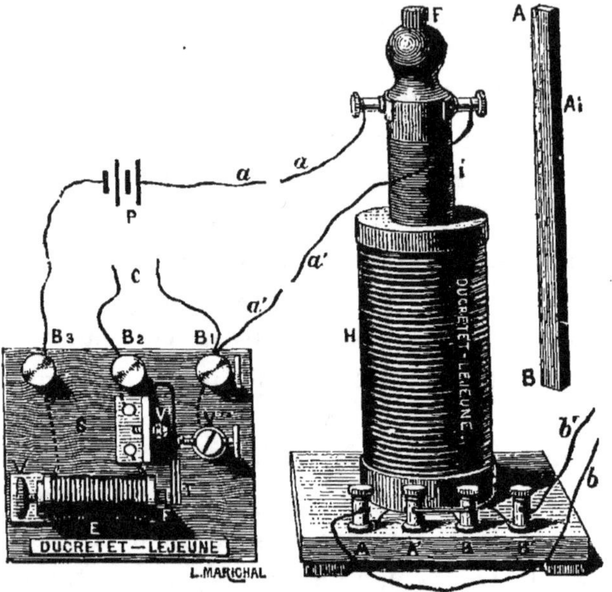

Fig. 20. — Appareil de démonstration pour la théorie de l'induction.

cette fois, l'aiguille est déviée en sens contraire, ce qui indique que les deux courants induit et inducteur sont de même sens. Si, au lieu d'approcher et d'éloigner le courant inducteur, on produit dans la bobine i des variations brusques de courant à l'aide de résistances appropriées

5

ou si l'on ferme et l'on ouvre successivement le circuit, on constate à chaque variation la formation d'un courant induit qui est de sens contraire lorsque le courant inducteur commence ou augmente et qui est de même sens lorsque le courant inducteur finit ou diminue.

Si, au lieu de la bobine mobile, on met dans l'axe de la bobine H un aimant AB, on constate encore la production de courants induits qui sont de sens différent, suivant le mouvement imprimé à l'aimant et à la direction de ses pôles. Cette action des aimants explique l'accroissement des effets obtenus dans la bobine i lorsqu'on place en son centre un faisceau de fils de fer doux F ; dans ce cas, la bobine devient un électro-aimant, et les deux actions du courant et de l'aimant sur le circuit induit s'additionnent et augmentent sa puissance.

Si, après avoir placé les uns dans les autres le faisceau et les deux bobines, on relie les bornes de la bobine i à un circuit contenant une pile et un interrupteur, on obtient l'appareil connu depuis un demi-siècle sous le nom de *bobine de Ruhmkorff*. L'interruption du courant primaire est obtenu par l'aimantation du faisceau

de fils de fer aimanté qui attire la rondelle en
fer d'un *trembleur* composé d'une simple lame
de ressort s'appliquant, au repos, contre la
pointe d'une vis réglable à volonté, et par laquelle s'opère le contact et la fermeture du circuit. Aussitôt que le trembleur ne touche plus
la vis, le courant est interrompu, l'aimantation
cesse et le marteau abandonne le faisceau pour
revenir à sa position de repos, à laquelle le
contact se rétablit avec la vis, et les mêmes
effets se reproduisent dans le même ordre, plusieurs centaines de fois de suite par seconde, et
à chaque interruption et chaque fermeture du
circuit primaire correspond, dans le circuit secondaire, un courant induit, d'abord direct et
ensuite inverse. La tension de ces courants varie,
pour un même courant inducteur, avec la longueur du circuit induit. Il est donc facile
d'obtenir des courants induits de n'importe
quelle tension ; il suffit pour cela de prendre
un fil de diamètre et de longueur convenables. Toutefois il ne faut pas oublier que ce
que l'on gagne en tension, on le perd en intensité ; si la tension est fonction de la longueur
du fil induit, l'intensité est proportionnelle à sa
section ; d'un autre côté, le rendement diminue

lorsque, par suite du trop grand diamètre de la bobine extérieure, les dernières spires du circuit induit sont trop éloignées du circuit inducteur et de son faisceau de fils de fer ; pour un même noyau inducteur, il est donc indispensable de réduire le diamètre du fil induit, et par suite l'intensité du courant, lorsque l'on veut augmenter la longueur du circuit pour obtenir une tension plus élevée. Mais, on ne pourra éviter une certaine perte entre la quantité d'énergie réellement fournie au circuit inducteur et celle qui sera recueillie sous forme de courant induit à plus ou moins haute tension. Et, à ce point de vue du rendement économique, on peut dire que la bobine d'induction est un bien mauvais transformateur, car il ne rend pas plus de 20 p. 100 de l'énergie première, 80 p. 100 étant inutilement gaspillé dans les courants parasitaires, les effets de self-induction, l'échauffement des fils, etc., tandis que les transformateurs statiques industriels donnent des rendements dépassant 90 p. 100 quand ils travaillent à pleine charge.

Les bobines d'induction employées pour les usages de l'automobile se composent donc, en général, d'un noyau de bois paraffiné, muni de deux joues circulaires également en bois, à chacune de ses extrémités. Ce noyau contient, dans un vide intérieur, le faisceau de fils de fer doux, qui dépasse légèrement de chaque côté des joues, et il reçoit l'enroulement *primaire* inducteur, composé de deux fils de section relativement assez grande et de faible longueur.

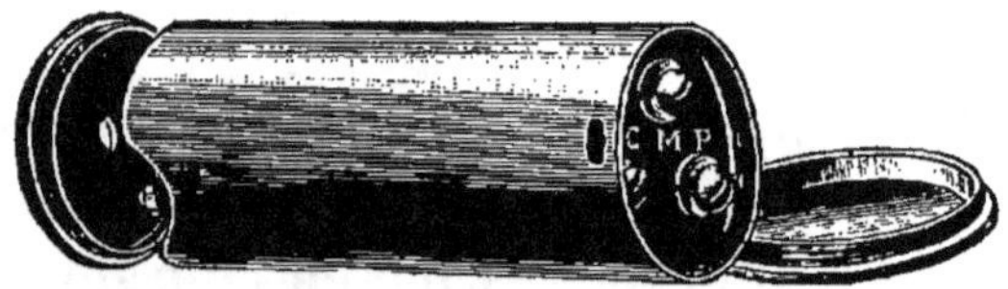

Fig. 21. — Bobine ronde pour motocycles.

C'est par dessus cet enroulement que vient se placer le circuit *secondaire* induit formé d'un fil très fin et très long, dont deux des extrémités sont reliées à des bornes de sorties. Chaque épaisseur de fil est isolée de la suivante par une feuille de papier paraffiné.

La proportion entre la longueur et la section respective des fils inducteurs et induits d'une bobine varie suivant les effets que l'on désire obtenir et l'application qu'il s'agit de réaliser. Pour l'allumage du mélange détonant des moteurs à essence, où il faut une étincelle plutôt chaude, mais de faible longueur, l'enroule-

ment induit des bobines utilisées est relativement très gros ; la tension du courant induit

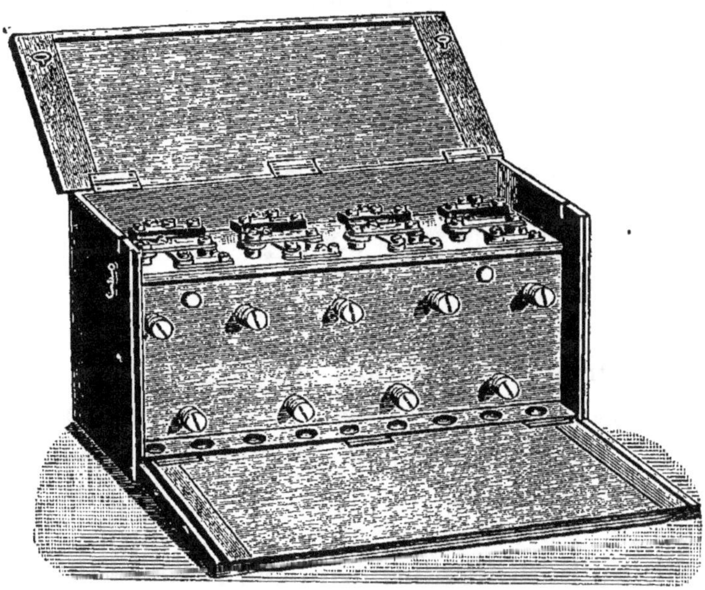

Fig. 22. — Bobine démontable « Compound »
à circulation d'air.

est par suite assez peu élevé, mais son intensité
demeure assez grande.

Le courant primaire produit par la pile ou
l'accumulateur arrive aux bornes de la bobine
auxquelles sont reliées les extrémités du circuit inducteur, c'est sur l'un des deux fils de ce

circuit qu'est interposé l'interrupteur à marteau
et à trembleur chargé de produire, par ses os-
cillations rapides, l'ouverture et la fermeture
successive de ce circuit, d'où résulte la génération des courants induits.

Les bobines sont ordinairement complétées
par un *condensateur*, disposé, soit dans le socle,
soit dans l'enveloppe extérieure. Ce condensateur est relié aux deux extrémités du circuit
inducteur ; il se compose ordinairement d'une
série de feuilles d'étain superposées et isolées entre elles par des feuilles un peu
plus grandes qu'elles en papier paraffiné,
en mica, etc. Toutes les feuilles d'étain de
numéro pair sont réunies entre elles et avec
l'une des extrémités du circuit inducteur ; de
même toutes les feuilles de numéro impair sont
en communication entre elles et avec l'autre
extrémité du fil inducteur. Il est à remarquer
qu'il n'existe aucun contact électrique entre les
deux pôles de cet appareil : ses grandes surfa-
ces se chargent et se déchargent exactement
comme une bouteille de Leyde ou comme un
condensateur ordinaire. Le but de cet appareil
est d'utiliser les phénomènes de self-induction
qui se produisent par la réaction des circuits

l'un sur l'autre, en induisant un courant de même sens appelé *extra-courant*, qui prolonge la durée du courant induit principal en produisant une étincelle de fermeture très chaude utilisée dans certains systèmes d'allumeurs, de

Fig. 23. — Bobine à trembleur rapide « Nilmelior » pour moteur à 4 cylindres.

préférence à l'étincelle d'induction principale. On peut encore comprendre comme suit le rôle du condensateur : l'extra-courant produit par l'interruption du courant inducteur, se répand dans les feuilles d'étain qu'il charge, mais celui-ci se décharge de lui-même instantanément dans le circuit inducteur et y envoie un courant de sens inverse qui détruit brusquement l'aimantation du noyau et augmente par suite la tension du courant induit ; quant à l'étin-

celle de rupture, elle se trouve atténuée, puisqu'une partie de l'électricité qui la produisait
est employée à charger le condensateur.

Certains électriciens se sont fait une spécia-

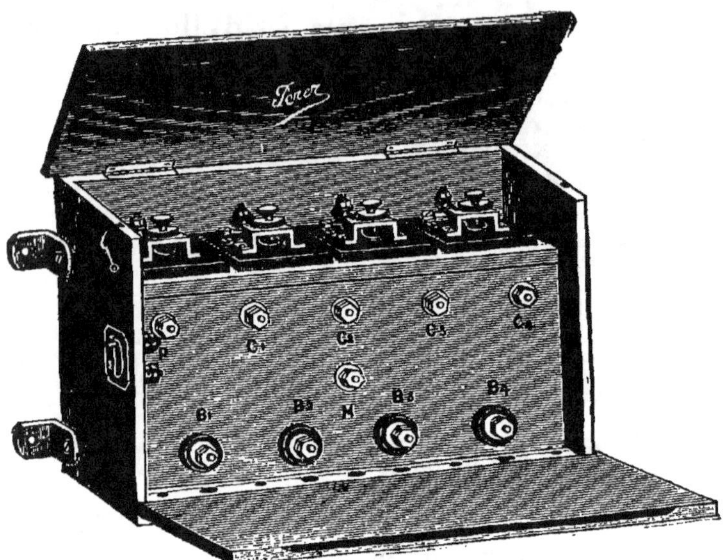

Fig. 24. — Bobine avec trembleur antivibrateur
Perez-Nieuport.

lité de la fabrication des appareils électriques
pour l'automobile, et ont étudié des modèles
de bobines d'induction pour allumage, dans
lesquelles toutes les lois inflexibles de la théorie
ont été observées. Suivant le genre de véhicules

auxquels ces appareils sont destinés, la forme
varie. Pour les motocyclettes, tris et quadri-
cycles, on leur donne la forme d'un cylindre,
dont l'extrémité qui porte les bornes de con-
nexion est protégée par un couvercle vissé.
Dans ces modèles, le trembleur est séparé et
remplacé par deux bornes de prise de courant.
Pour les voitures, la bobine est ordinairement
enfermée à l'intérieur d'une boîte carrée en
bois, dont le couvercle, qui se rabat, protège
les connexions et les *trembleurs* ou *rupteurs*,
quand ces bobines portent ce système d'interrupteurs. Nos figures 22, 23 et 24 représentent
l'aspect de quelques-uns de ces appareils dont
l'encombrement est réduit au minimum.

Le montage des bobines varie suivant qu'elles
sont munies ou non de trembleur et compor-
tent un plus ou moins grand nombre de bornes
de prise de courant.

Nous rappellerons, pour terminer ce chapitre, que la bobine est un organe auquel le
chauffeur aura rarement à toucher, car il n'est
sujet à aucun dérangement, ne comportant pas
de pièces mobiles sujettes à l'usure. Seuls les
contacts platinés du trembleur se dégradent à
la longue par l'effet de l'étincelle, mais il suffit

de les polir de temps à autre en les frottant avec de la toile émeri, et de les changer quand le métal platiné a disparu ou que, trop oxydé, il colle à son point d'appui fixe. Il est très rare — et le fait se produit seulement avec les modèles à bon marché — que, par suite d'un courant trop intense, une étincelle perce l'isolant nterne et mette ainsi l'appareil hors de service.

CHAPITRE VI

Les Magnétos.

On a vu, dans le chapitre précédent, qu'en déplaçant un circuit métallique fermé dans un champ magnétique permanent, un courant induit prend instantanément naissance dans ce circuit. C'est de cette remarque qu'est née la science de l'électro-magnétisme et que sont dérivées toutes les applications de l'électricité à l'industrie, car c'est en utilisant ce phénomène que l'on a pu créer les générateurs mécaniques d'électricité.

Le travail dépensé à mouvoir ce circuit est récupéré sous formé de courant, voilà le fait fondamental ; il ne s'agissait plus que de recueillir ce courant avec le moins de perte possible, car un travail quelconque coûte toujours cher à produire, et c'est sur l'utilisation parfaite de ce mode de transformation du mouvement en énergie électrique que se sont portés les efforts des savants modernes. On peut affirmer que ce but a été complètement atteint, car le rendement des machines dynamo-électriques atteint de 80 à 90 p. 100, résultat très remarquable à tous égards.

Les magnétos et dynamos utilisées comme source de courant pour l'allumage des moteurs d'automobiles sont basées sur ce phénomène de l'induction, et elles fournissent directement un courant induit de haute tension et d'assez grande intensité, comme le fait la bobine Ruhmkorff, étudiée dans le chapitre qui précède, mais sans qu'il soit nécessaire de leur fournir un courant primaire pour les exciter. Ce courant, c'est elles-mêmes qui le produisent, à la condition de leur fournir du mouvement. Au lieu d'une source étrangère d'énergie, d'une décomposition chimique quelconque développant du courant, elles transforment directement le travail dépensé à faire tourner l'organe mobile, en électricité à la tension voulue.

Nous avons dit qu'il était indispensable de faire mouvoir le circuit métallique où les courants induits prennent naissance, à l'intérieur d'un *champ magnétique*. Or, ce champ est l'espace dans lequel se fait sentir l'influence d'un aimant; il suffit donc de disposer ce circuit entre les faces polaires d'un semblable

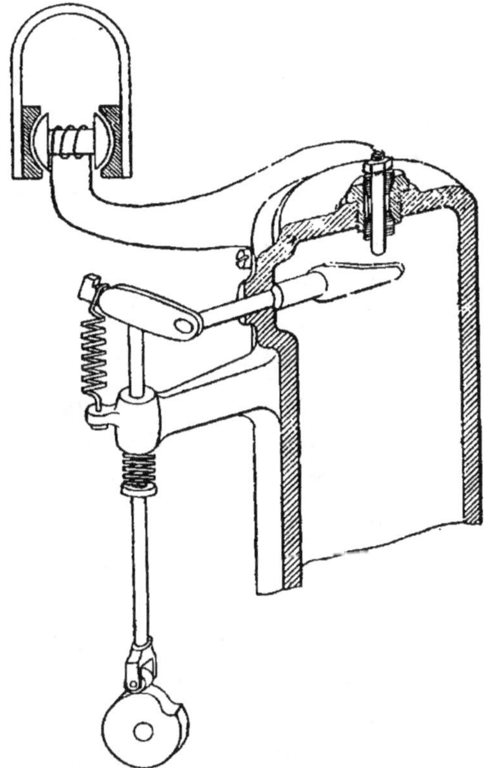

Fig. 25. — Schéma de l'allumage par magnéto et rupteur.

aimant, dont les branches sont recourbées en forme d'U ou de fer à cheval, pour répondre aux conditions du problème. Telle est d'ailleurs, en principe, la disposition donnée aux machines magnéto-électriques ou, comme on le dit couramment, aux *magnétos*. Un ou plusieurs aimants naturels ou artificiels recourbés en fer à cheval créent un champ magnétique dans lequel tourne une bobine creuse recouverte d'une certaine épaisseur de fil de cuivre soigneusement isolé et dont les extrémités sont en rapport avec des bagues métalliques sur lesquelles frottent des balais recueillant les courants à mesure de leur production.

Tel est le principe d'après lequel fonctionnent tous les systèmes de magnétos et de dynamos actuellement en service. Voyons maintenant comment les constructeurs ont tiré parti de ces propriétés pour constituer leurs divers types de machines pour l'allumage.

Magnétos Simms-Bosch. Le système d'allumage par magnéto Simms-Bosch repose sur le point de départ suivant : un courant de basse tension produit par l'appareil est conduit à un interrupteur en forme de tampon situé sur chaque chambre d'explosion. Cet interrupteur sera décrit en détail dans le chapitre VIII. Pour la magnéto par elle-même, il en existe deux types différents, l'un à mouvement rotatif, l'autre à mouvement simplement oscillant. Dans le modèle A, une série d'aimants artificiels en fer

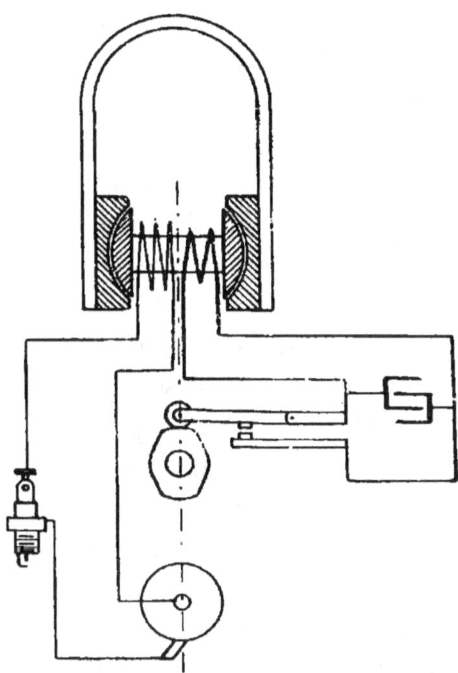

Fig. 26. — Allumage à haute tension par rupture du circuit primaire sans transformateur.

à cheval et terminés par des épanouissements polaires, créent un champ magnétique à l'intérieur duquel tourne une armature en forme de bobine à double T (Siemens). Par suite de ce mouvement, le sens des lignes de force dans l'armature est changé, et un courant induit traverse les spires de la bobine. L'un des bouts du fil est attaché à un bouton isolé qui traverse l'axe d'arrière de l'armature, lequel est en contact avec la borne isolée par un autre bouton taillé en carré pour ne pas tourner et qui est poussé par un petit ressort. L'autre extrémité du fil est en contact avec la masse de l'armature et, pour éviter le passage du courant par les parties lubrifiées au risque de brûler l'huile, il existe sur l'un des coussinets un balai de charbon qui frotte sur le disque de l'armature.

Chaque rotation de cette pièce représente deux fois un maximum et deux fois un minimum de force électromotrice ; ces périodes pendant lesquelles la rupture peut être effectuée sont chacune de 60°. Il est donc possible, sans rien modifier à la commande de la magnéto, de faire varier le moment de l'allumage de cette même quantité, comptée sur l'axe de l'appareil à partir de la position verticale de l'armature ; mais, pour obtenir la meilleure étincelle, cette rupture doit plutôt se produire au moment où l'armature a dépassé de quelques degrés son point de résistance correspondant avec sa position verticale.

Le modèle rotatif N, qui réunit les derniers perfectionnements, possède un écran composé de deux segments en fer, opposés l'un à l'autre et pouvant tourner entre l'armature mobile et les masses polaires. Par son mouvement, cet écran change le sens des lignes de force du champ magnétique et engendre les courants induits dans le bobinage de l'armature. Cette disposition, laissant la bobine immobile, présente davantage de sûreté, et les balais frotteurs étant supprimés, le contact et la prise de courant sont toujours assurés. Le fil entourant l'armature est soigneusement isolé pour éviter tout danger de court-circuit : un des bouts est à la masse et l'autre se rend à une borne isolée en passant à travers l'axe arrière de l'armature.

Avec ce modèle, on obtient, pour chaque tour de l'écran, quatre maxima et quatre minima de courant. Comme ces périodes ont lieu chaque fois après le passage à 90°, ce modèle présente l'avantage que l'on peut le faire tourner à la vitesse de l'arbre de distribution, même pour un moteur à quatre cylindres. Le moment de rupture, pour obtenir la meilleure étincelle, est celui qui coïncide avec la position verticale ou horizontale de l'écran.

Le poids de cette magnéto, avec ses aimants à lames doubles, varie entre 5 kilog. 500 et 14 kilogrammes, suivant le numéro. Le type A pèse de 6 à 15 kilogrammes.

Il existe également un modèle de magnéto Simms-Bosch dans lequel l'écran n'est plus animé d'un mouvement circulaire continu, mais seulement d'un mouvement d'oscillation obtenu par un excentrique ou une manivelle. Dans ce mouvement, l'écran change le sens des lignes de force qui traversent la surface circonscrite par les spires, et développe un courant induit dans celles-ci. Le mouvement de l'armature a une amplitude d'environ 50° au maximum.

Cette disposition avec bobine fixe présente une grande sécurité, surtout pour les contacts, les balais étant supprimés ; on peut obtenir de de 30 à 60 degrés de variation du moment d'allumage, et on a une étincelle à chaque oscillation, c'est-à-dire deux fois pour un tour de l'arbre de commande ; toutefois l'étincelle la plus nourrie est celle qui jaillit au moment où l'écran a dépassé de quelques degrés la position horizontale.

Mentionnons encore les modèles de magnétos Simms-Bosch pour motocyclettes et moteurs à 2 et à 4 cylindres fournissant une étincelle très chaude à la pointe de bougies d'allumage ordinaires. Ces machines, basées sur les mêmes principes que les précédentes, développent un courant de haute tension par le mouvement de rotation d'une armature en T possédant deux enroulements primaire et secondaire, l'un faisant la suite de l'autre. Elles donnent, comme les précédentes, le moyen de déterminer à volonté le moment précis de l'allumage, l'interruption du courant primaire pouvant avoir lieu plus tôt ou plus tard dans une certaine limite, et l'étincelle jaillissant à la bougie dans le même rapport. Le type pour motocyclettes ne pèse que 4 kilogrammes.

Magnéto Delta. Ce système, construit par la maison Darras, qui exploite les brevets Bergmann, est actionné par mouvement alternatif d'un volet magnétique, disposition moins sujette à l'usure que le mouvement rotatif. Un engrenage calé sur l'arbre principal ou intermédiaire du moteur met l'induit en mouvement.

Grâce au déplacement facultatif du champ magnétique, on peut donner au courant son maximum d'intensité quand on déplace l'arbre des

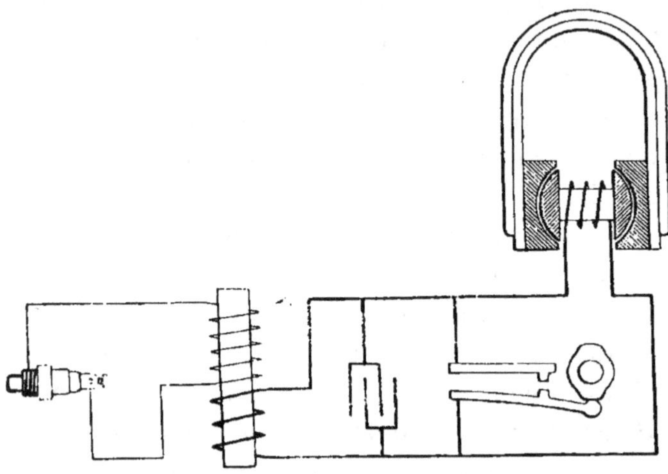

Fig. 27. — Schéma de l'allumage
par magnéto Eiseman.

cames pour obtenir l'avance ou le retard à l'allumage. Une erreur de réglage des pignons de commande est donc sans aucune importance avec ce système. Le déplacement du champ magnétique d'où résulte la production d'un courant induit dans l'armature résulte du mouvement d'un volet ou écran entre l'ancre et l'armature.

L'étincelle fournie est toujours très nourrie et d'une grande chaleur, ce qui assure l'inflammation instantanée du mélange carburé dans les cylindres, ce qui n'a pas toujours lieu dans certains autres systèmes dans lesquels l'étincelle s'affaiblit considérablement quand on met du retard à l'allumage, inconvénients qui rendent le départ et la mise en marche souvent très pénibles.

Ajoutons que la magnéto « Delta » est construite suivant plusieurs types, à deux, trois ou quatre aimants, suivant le genre et la force des moteurs à alimenter. Les modèles à quatre aimants surtout sont appréciés, aussi ont-ils reçu plusieurs applications.

Magnéto Eiseman. Ce modèle présente des avantages particuliers, notamment celui de ne comporter qu'une bobine d'induction sans trembleur pour tous les cylindres, et de pouvoir utiliser, tantôt le courant direct de l'armature induite, tantôt le courant fourni par une batterie d'accumulateurs, solution mixte qui a été adoptée pour la première fois par la Société Mors.

Le courant engendré par cette magnéto est donc envoyé dans le circuit primaire de la bo-

bine, et un interrupteur intercalé entre les
bornes permet de dériver ce courant soit inté-

Fig. 28. — Vue de la magnéto Eiseman
pour moteur à quatre cylindres.

rieurement dans la bobine soit extérieurement.
Dans le premier cas, l'induit se trouve placé en
court-circuit et atteint son maximum d'intensité.
Si l'on ouvre à ce moment l'interrupteur, le
courant ne peut continuer à circuler que dans

le primaire de la bobine ; il produit donc un courant induit dans le circuit secondaire qui se traduit par une étincelle à la bougie.

Le courant d'une magnéto étant alternatif, un dispositif mécanique permet de n'effectuer la rupture du circuit qu'au moment où la force électromotrice présente son maximum, ce qui coïncide avec une position déterminée de l'armature. Le courant secondaire est distribué aux cylindres par un collecteur lequel comporte une pièce de cuivre qui, à chaque fois qu'elle se trouve en contact avec les doigts 1, 2, 3 ou 4, envoie le courant dans la bougie correspondant à ce circuit. On peut donc allumer le mélange dans tous les cylindres avec une bobine unique et utiliser à son gré soit le courant de la magnéto, soit, au moment de la mise en marche, celui d'une batterie d'accumulateurs que l'on met en circuit par le jeu d'un commutateur.

Pour obtenir le meilleur rendement de cette machine, il est bon d'observer que la rupture du courant primaire doit se produire au moment où l'un des doigts est en contact avec la partie mobile du distributeur. L'arbre de l'inducteur portant la came et celui du distributeur sont

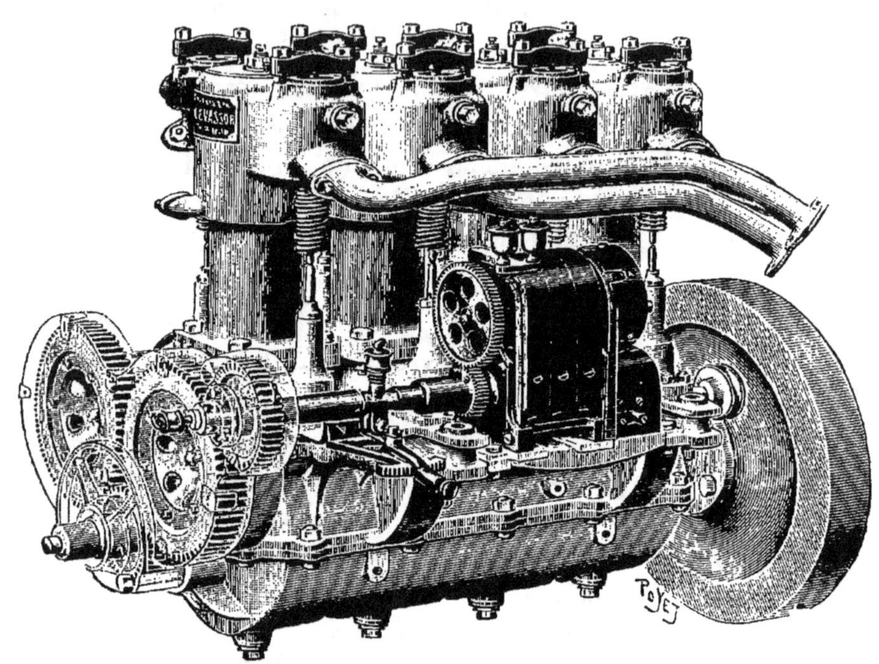

Fig. 29. — Montage d'une magnéto Eiseman
sur un moteur à quatre cylindres Panhard-Levassor.

réunis par deux roues d'engrenage. La came
donne une rupture de courant primaire tous
les demi-tours de l'arbre de l'inducteur ; comme

6

il y a envoi du courant secondaire aux bougies
tous les quarts de tour de l'arbre du distributeur
(pour un moteur à quatre cylindres), il faut,
pour réaliser la coïncidence entre la rupture et
l'envoi du courant aux bougies, que l'arbre du
distributeur tourne moitié moins vite que celui
la magnéto; donc que les pignons qui les re-
lient soient dans le rapport 1 à 2. On peut faire
varier le moment de l'allumage en faisant tourner d'une fraction de tour, par rapport au mécanisme de commande, les arbres de la magnéto
et du distributeur; ces deux arbres restant toujours respectivement dans la même position.

On comprend donc que, si le réglage est exé-
cuté de façon à produire l'étincelle dans un
cylindre au moment où le piston est à son point
mort haut, le décalage qu'on va faire subir aux
deux arbres permettra de faire jaillir l'étincelle
plus ou moins de temps avant la fin de la compression. Il suffit, pour ce décalage, de ma-
nœuvrer une manette commandant les mouvements de l'arbre et qui est placée à portée de
la main du conducteur. La bonne position de
l'arbre une fois trouvée, il n'y a pas lieu de la
modifier sensiblement même lorsque la vitesse
du moteur varie. En effet, plus il tourne vite,

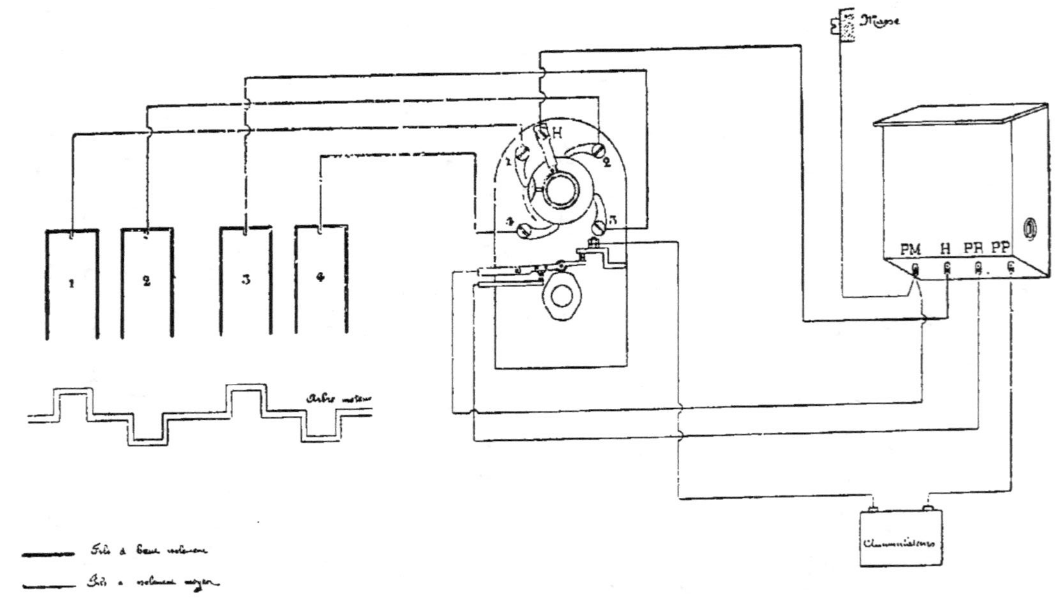

Fig. 30. — Schéma du montage de l'allumage par magnéto Eiseman, avec son distributeur,
sur un moteur à quatre cylindres.

plus le courant développé par la magnéto est intense et plus tôt se produit le courant secondaire donnant l'étincelle. Il est donc utile de marquer ce point sur la manette de commande. Pour la mise en route, il suffira de la reculer de quelques crans en arrière sur son secteur, pour revenir ensuite au point fixé que l'on ne quittera plus pendant la route.

Magnéto Compound. D'une façon générale, le courant produit par une magnéto est envoyé par une combinaison d'organes variable à la chambre d'explosion où se produit une rupture donnant naissance à l'étincelle. Un pôle de la magnéto est relié à la masse, l'autre à un système rupteur-inflammateur ou à une bougie, et cet arrangement supprime la présence de toute autre source d'électricité. Cependant, comme il peut être utile d'avoir plusieurs cordes à son arc, et, de même qu'on a imaginé d'avoir une pile de secours ne fonctionnant qu'au moment précis ou la pile du bord refuse son service, on a combiné un dispositif d'allumage mixte participant à la fois de l'allumage avec accumulateur, bobine d'induction et bougie, et de celui par magnéto. Dans cette seconde alternative, la magnéto agit avec bougie, et non par rupture, comme dans le dispositif dit *par arrachement*.

La magnéto ordinaire ne fournissant que des courants alternatifs ne pouvait être que difficilement utilisée pour alimenter une bobine d'induction. La magnéto « Compound » a cependant surmonté cette difficulté. Au lieu d'être formée d'un gros aimant en fer à cheval, elle se compose de plusieurs séries d'aimants en U juxtaposés l'un à l'autre de manière à former un cercle. A l'extrémité de ces aimants et à l'intérieur du cercle, se meuvent des fers à double T entrecroisés comme les rayons d'une étoile, de façon à ce que chaque face corresponde à un pôle différent. Ces fers reçoivent un enroulement induit de telle façon que chaque fois qu'un T passe devant une face polaire, il se produit un sextuple arrachement, et cet arrachement se produit six fois par tour. Il résulte de cette disposition que, pour un moteur tournant à 1000 tours avec magnéto multipliée dans le rapport de 1 à 2, c'est-à-dire tournant à 1500 tours, on aura le nombre d'alternances correspondant à $1500 \times 6 = 9000 : 60$, ou 150 périodes par seconde, ce qui équivaut presque à du courant continu.

6.

« Il est à remarquer, en effet, dit M. Fanor
dans sa brochure, que, par suite d'un phénomène curieux, que l'on peut expliquer peut-être
par un phénomène de synchronisme ou de ré-
sonance, toute bobine munie d'un rupteur suffisamment souple et rapide se met à l'unisson
de la magnéto et produit une étincelle secon--
daire absolument semblable à celle de l'accumulateur et pouvant être substituée à ce dernier sans aucun changement dans la bobine,
dans la came d'allumage ni dans le moteur. Il
suffit dès lors de deux fils, l'un partant de la
borne positive de l'accumulateur, l'autre de la
borne isolée de la magnéto, et d'un commutateur reliant l'un ou l'autre de ces deux fils à la
borne positive de la bobine pour obtenir un
allumage identique, bien que provenant de
deux sources différentes.

« Ajoutons que l'avance à l'allumage s'obtient, avec la magnéto, par un simple déplacement de la came, absolument comme avec un
accumulateur, et qu'il n'est pas besoin de calage ni de réglage de la magnéto, puisque la
durée de contact de la came sera toujours plus
longue que l'intervalle entre deux fréquences
maximum se répétant 150 fois par tour, chiffre

qui doit même être porté à 300 si l'on réfléchit
que la came d'allumage est démultipliée dans

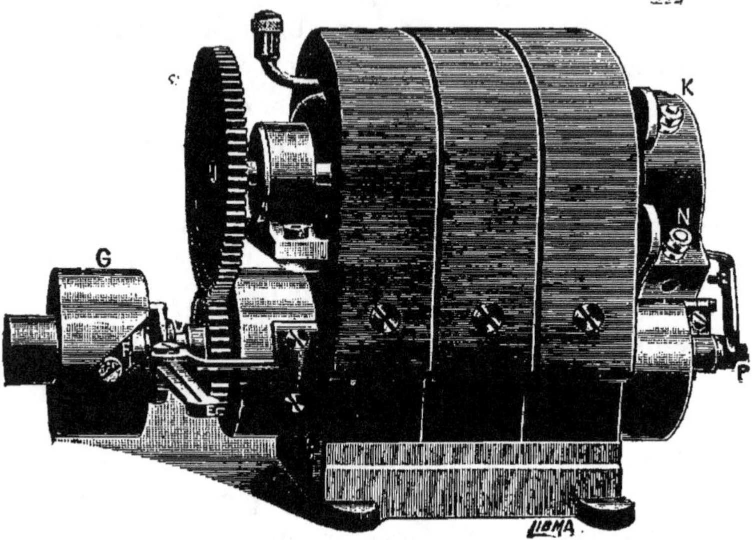

Fig. 31. — Magnéto « Calida » à allumage par bougies
sans bobine.

la proportion de moitié de la vitesse de rotation du moteur.

« Dans le cas où l'on emploie le double allumage (magnéto et accumulateur), la communication entre la bobine et le générateur de courant doit être effectuée au moyen d'un commutateur à deux directions, avec plot d'arrêt entre
les deux directions. Il faut éviter d'une manière

absolue que la bobine puisse se trouver en
même temps sur les accumulateurs et la ma-

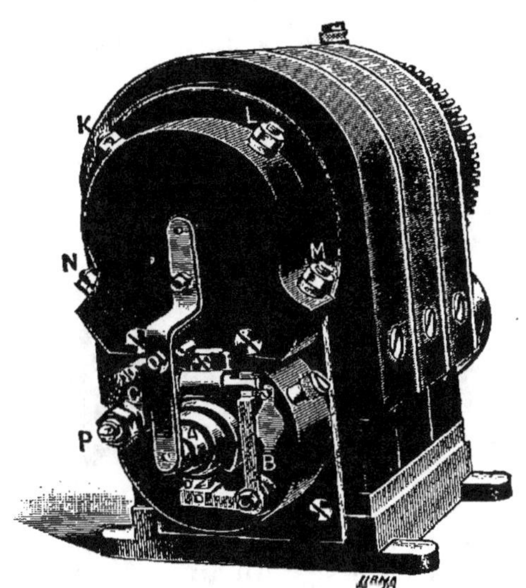

Fig. 32. — Magnéto Calida vue de face.

gnéto ou que les accumulateurs puissent se décharger sur celle-ci. »

Magnéto « Calida » à étincelle directe.
Ce type de magnéto procure un allumage
énergique par bougie, sans bobine, procurant
l'avantage d'une mise en marche instantanée.
La longueur et la chaleur de l'étincelle produite
par cette machine, qui est représentée de face

et de profil dans les figures 31 et 32, sont
très supérieures à celles que développent les
bobines d'induction alimentées par une source
primaire. L'allumage a lieu aussi bien aux

Fig. 33. — Magnéto Nilmelior.

plus faibles vitesses qu'aux allures les plus
rapides, et les applications qui en ont été faites
démontrent qu'il ne se produit pas le moindre
encrassage de la bougie, la chaleur de l'étincelle étant assez élevée pour brûler toutes les
crasses. Son fonctionnement est donc parfait et
ne dépend que de la bonne qualité des bougies
utilisées, car, d'autre part, il n'existe pas
d'ennuis de graissage, tous les roulements
étant montés sur coussinets à billes.

Ce modèle, construit en matériaux de premier choix, présente de très réelles qualités, et le dispositif de rupture brusque du courant primaire, permet de concentrer pendant un temps aussi court que cela est nécessaire, toute la puissance voulue et obtenir ainsi, au moment précis où l'allumage doit s'opérer, une étincelle aussi énergique que possible.

Magnèlo « Nilmelior ». La Société d'Electricité Nilmelior (anciens établissements Bassée-Michel) a étudié une série de modèles de magnétos d'allumage qui présentent de très sérieuses qualités et sont susceptibles de répondre au but poursuivi, qui est de procurer une étincelle très chaude assurant l'inflammation instantanée de la totalité de la cylindrée aspirée. Le plus récent modèle sorti de ces ateliers, et que représente notre figure 33, fonctionne avec bougies ordinaires et bobine séparée. Il est muni d'un distributeur et d'un dispositif permettant d'actionner la bobine par la magnéto ou par une source étrangère, et l'avance à l'allumage est obtenue par un dispositif très ingénieux qui permet de faire concorder l'action motrice avec l'instant favorable pour avoir constamment un rendement élevé et le travail maximum.

Magnéto-volant Aufière. Ce modèle, que l'on a pu voir au Salon de l'Automobile de 1904, se met à la place du volant du moteur ; il donne des courants alternatifs diphasés et produit directement le courant de haute tension nécessaire pour réaliser l'allumage sur bougie sans bobine d'induction. L'énergie disponible est quatre fois plus grande qu'avec les bobines ordinaires, et il peut desservir un nombre de cylindres quelconque. Cette magnéto ne possède ni collecteur ni frotteurs ; elle alimente deux circuits distincts dont l'un peut servir à l'éclairage ; dans ce cas, un dispositif spécial de l'enroulement évite de brûler les lampes lorsque l'intensité augmente par suite de la plus grande vitesse du moteur.

Il existe plusieurs types de cette machine. Dans l'un, les deux circuits sont à haute tension pour allumage avec bougies ; dans l'autre, ils sont à basse tension. Enfin, un troisième comporte un circuit à haute tension et l'autre à basse tension pour l'allumage par tampons ou par rupteurs et pour l'éclairage.

Tels sont les principaux systèmes de magnétos actuellement usités ; arrivons-en maintenant aux dynamos.

CHAPITRE VII

Les Dynamos.

Nous avons vu, au cours des deux précédents chapitres, sur quelles lois fondamentales sont basées toutes les machines d'induction ; il nous reste à voir quelle est la différence qui sépare les machines désignées sous le nom de dynamos de celles qu'on appelle magnétos. A ce sujet, nous devons revenir un peu en arrière et retracer brièvement l'histoire de la dynamo moderne, avant d'arriver à ses applications à l'automobile en général,

La dynamo repose, comme la magnéto, sur les phénomènes de l'électro-magnétisme, et la seule chose qui l'en différencie est que le champ magnétique n'est plus engendré par des aimants naturels ou artificiels, mais par des *électro-aimants*.

C'est en 1831 que Faraday fit connaitre les

lois qui ont immortalisé son nom, et, dès l'année suivante, parut la première machine basée sur ces lois : c'était une double bobine entourée de fil de cuivre isolé qu'une [manivelle permettait de faire tourner en face des pôles d'un aimant en forme d'U renversé. L'arbre recevant les bobines portait une pièce de cuivre découpée sur laquelle appuyaient des lames de ressort, et destinée à recueillir les courants induits et à les diriger dans le circuit extérieur en leur donnant toujours le même sens, ce qui était important, puisque ces courants sont alternativement directs et inverses. Cette première machine, due à Pixii, fut ensuite perfectionnée par Clarke. En 1854, l'électricien allemand Hefner-Alteneck proposa de remplacer la double bobine par une armature de forme particulière fournissant un meilleur rendement. Il donna au noyau de cet induit la forme d'un cylindre entaillé sur toute sa longueur d'une large et profonde rainure à double T permettant de loger parallèlement à l'axe le fil isolé dans lequel le courant prenait naissance.

Cet induit, connu sous le nom de *bobine Siemens*, du nom du constructeur, fut muni d'un *commutateur-redresseur* analogue à ce-

lui de la machine Clarke, et disposé entre les
branches d'un ou plusieurs aimants créant le
champ magnétique indispensable. Il fournit des
courants interrompus, mais toujours de même
sens, que l'on peut employer pour l'éclairage.

En 1860, un inventeur nommé Wilde eut
l'idée d'utiliser les courants induits produits
par la rotation de la bobine Siemens, à l'excitation d'un grand électro-aimant, entre les pôles
duquel il disposa une seconde bobine identique
à la première. Ce système, qu'il appela à *surex-
citation magnétique*, n'était autre chose, en
réalité, qu'une dynamo excitée par une machine
magnéto-électrique. Pendant très longtemps on
crut qu'il était indispensable de fournir un courant provenant d'une source étrangère aux
électro-aimants pour développer le champ magnétique, puis on songea à intercaler ces électros dans le circuit, en reliant aux bornes les
extrémités du fil enroulé autour de leurs branches, ou en les mettant en dérivation sur ce
circuit.

La difficulté était la mise en marche, puisqu'à ce moment l'électro-aimant n'étant parcouru par aucun courant ne donne lieu à aucun
champ magnétique. Mais on ne tarda pas à remar-

quer un fait de première importance. Bien que l'aimantation cesse dans un électro-aimant quand le courant ne passe plus dans l'enroulement qu l'entoure, le fer dont il est composé garde toujours des traces de magnétisme, car il possède une certaine force coercitive qui s'oppose à la disparition totale de l'aimantation. Grâce à 'existence de ce magnétisme partiel, la machine s'amorce d'elle-même après quelques tours ; la saturation des électros est atteinte en moins d'un instant, et le champ magnétique revient à sa valeur normale. Point n'est besoin, par conséquent, d'une source étrangère de courant, pile, accumulateur ou machine, pour exciter les électros et créer le champ magnétique que les aimants naturels des magnétos présentent autour de leurs faces polaires, mais qui est beaucoup moins intense et moins durable.

En résumé, la dynamo est donc une machine électro-magnétique dans laquelle l'induction est obtenue à l'aide d'électro-aimants excités par une fraction du courant engendré par la rotation de la bobine induite entre les faces polaires de ces électros. La forme de cette bobine est toute différente d'ailleurs de celle qui avait été donnée au début par Pixii et Clarke à leurs induits, et même de celle d'Hefner-Alteneck décrite plus haut. On la connait sous le nom d'*anneau Gramme*, et c'est cette disposition ingénieuse qui a déterminé, on peut le dire, le succès universel de la dynamo, car on la retrouve dans la plupart des machines électriques en usage dans l'industrie. Voici comment s'exécute sa construction :

Sur un mandrin cylindrique, on enroule du fil de fer recuit et recouvert d'un vernis, de manière à former un anneau plat, forme qui permet de soumettre une plus grande longueur de fil à l'action du champ magnétique, la partie comprise entre l'inducteur et l'anneau étant seule influencée d'une manière efficace. Une fois le fil de fer bobiné sur le mandrin, on l'entoure de distance en distance par des ligatures de fil de fer ayant pour objet d'empêcher toute déformation. Le mandrin est ensuite retiré et on entoure l'anneau de toile isolante recouverte d'une couche de gomme-laque, de manière à assurer l'isolement parfait des fils qui vont entourer cet anneau. On procède ensuite au bobinage du fil constituant les divers éléments de l'induit ; chacun de ces éléments est composé d'un certain nombre de spires formées de fil de cuivre recouvert d'une gaîne isolante de coton, le tout étant enduit de gomme-laque. On laisse dépasser les extrémités du fil d'un même élément ou section du côté où sera le *collecteur*. Puis, cet anneau étant entièrement bobiné, on le frette en l'entourant de bandelettes minces en tôle vernie ou de fil de fer dont les différentes spires sont soudées les unes avec les autres. On fait ensuite pénétrer dans l'intérieur un noyau en bois fixé sur l'arbre central et on cale sur cet arbre le collecteur constitué par des lamelles de cuivre en nombre égal à celui des sections de l'induit, ces lames étant disposées tout autour d'un cylindre en matière isolante et soigneusement isolées l'une de l'autre par du mica, de la fibre ou toute autre substance analogue. Ces lames portent des prolongements recourbés à angle droit et auxquels viennent se souder les extrémités des fils de chacune des bobines ou sections de l'anneau. On peut considérer celles-ci comme des éléments de piles : leur action s'additionne, et la tension fournie par la machine est d'autant plus élevée qu'elles sont plus nombreuses.

Les électro-aimants inducteurs sont ordinairement creux et recouverts d'une faible épaisseur de fil, dont la grosseur et la longueur sont en rapport avec la tension et l'intensité du courant que l'on veut obtenir. Leur forme est très variable et chaque constructeur a adopté des dispositions particulières caractérisant son type de machines. Toutefois, deux dispositions sont plus spécialement adoptées pour les petites dynamos employées en automobile : la forme dite *Manchester*, à deux électro-aimants cylindriques verticaux réunis par deux semelles transversales ; entre ces électros est intercalé l'anneau induit dont l'arbre est supporté en avant et en arrière par deux paliers boulonnés sur un socle en fonte ; et la forme dite *renversée*, dans laquelle les électros sont plats, disposés parallèlement, réunis en haut par une traverse et en bas par des masses polaires largement échancrées de manière à donner passage à l'induit. La disposition de dynamo dite « enfermée » ou « cuirassée » a également beaucoup de partisans.

La dynamo, est susceptible de recevoir trois applications importantes en automobilisme : elle peut remplacer avantageusement le courant d'une batterie de piles ou d'accumulateurs pour l'allumage du mélange, ou bien servir de secours et de moyen de recharge des accumulateurs, ou bien encore être appliquée à l'éclairage des phares d'automobiles, de préférence à l'acétylène dont on connait les inconvénients.

Pour répondre à ces divers besoins, les constructeurs ont étudié des types réduits de dynamos, dont nous devons dire quelques mots.

Dynamo « Fulmen ». — Ce modèle type Avery-Lahmeyer, est du modèle « enfermé » mentionné un peu plus haut; il peut être précieux pour charger automatiquement les accumulateurs d'allumage des voitures et canots automobiles. Le mécanisme est enfermé hermétiquement dans une boite en fonte à l'épreuve de l'eau et de la poussière; une poulie à friction est calée sur l'extrémité de l'arbre pour être actionnée directement par le volant du moteur. Cette poulie peut toutefois être remplacée par une poulie à gorge lorsque la transmission doit s'effectuer par courroie.

Lorsqu'une voiture est munie de cette machine très réduite, car ses dimensions ne dépassent pas 17 centimètres de longueur sur 13 de largeur et de hauteur, et son poids n'excède pas 2700 grammes, ses accumulateurs peuvent être constamment maintenus au maximum de leur charge, car ils se trouvent automatiquement rechargés au fur et à mesure que l'automobile dévore les kilomètres. On évite ainsi le désagrément de la panne d'allumage par défaut d'électricité, ainsi que le déplacement périodique des éléments pour leur rechargement.

Le bobinage de cette dynamo est tel que l'intensité du courant qu'elle fournit peut s'élever à 2 ampères sous une tension de 5 volts ; elle convient donc parfaitement pour recharger des accumulateurs doubles donnant 4 volts. Il existe un modèle un peu plus puissant de la même machine et pouvant débiter, à 2000 tours par minute, 5 ampères sous une tension de 10 volts. Il est pourvu d'un *conjoncteur-disjoncteur* à boules de Watt, ayant pour but d'interrompre et de rétablir automatiquement le courant quand les variations de vitesse du moteur de la voiture l'exigent. Un carter en aluminium entoure les balais, le collecteur, le disjoncteur, enfin tous les organes de la dynamo. Outre la recharge des accumulateurs, cette machine peut encore fournir directement l'allumage ainsi que l'éclairage en établissant des circuits distincts.

Fig. 34. — Dynamo Fulmen.

Mentionnons encore les modèles « ouverts » de la même fabrique, développant 30, 60, 120 et 250 watts sous une tension de 10 à 50 volts, une intensité de 3 à 5 ampères et un poids de 4 à 36 kilos. L'armature induite est composée d'une bobine à double T, type Siemens; le collecteur est en bronze et isolé au mica; les bobinages isolés à la fibre dure; enfin toutes les précautions ont été prises pour assurer un ren-

7.

dement élevé avec la plus grande commodité de manœuvre et d'emploi.

Dynamo Radiguet. — Le modèle n° 0 pour recharge d'accumulateurs pèse 3 kgr. 500 ; il possède un induit genre bobine Siemens. En absorbant environ 5 kilogrammètres à la vi-

Fig. 35. — Magnéto Cadiot.

tesse de 2.500 tours par minute, il peut donner 3 ampères sous une tension de 10 volts.

Dynamo Cadiot. L'induit, dans ces machines, est un anneau Gramme ; l'inducteur, de forme circulaire, entoure complètement l'anneau et forme comme une boite cylindrique, robuste et massive, d'où sort l'arbre moteur portant une poulie à gorge pour recevoir la courroie de transmission.

Si maintenant nous voulons établir un parallèle et faire une comparaison entre les magnétos et les dynamos au strict point de vue des usages de l'automobile, nous verrons que celles-ci peuvent se substituer à celles-là, dont elles ne diffèrent que parce qu'elles fournissent un courant sensiblement continu, c'est-à-dire toujours de même sens, tandis que les magnétos donnent des courants alternatifs de sens direct puis inverse avec une fréquence qui atteint de 30 à 40 périodes par seconde. On peut seulement reprocher aux dynamos de taille exiguë de donner un courant de très basse tension qu'il est nécessaire de transformer avant de le conduire aux rupteurs ou aux bougies, au lieu que la magnéto engendre des courants à haute tension dont l'intensité s'accroît même à mesure que le moteur qui la commande tourne plus vite et que la voiture roule plus rapidement.

Mais la dynamo constitue malgré tout un générateur mécanique de grande et réelle utilité, très supérieur aux piles chimiques, et presque indispensable pour la recharge en cours de route des accumulateurs, aussi ses applications iront-elles croissant, et ce, sans parler de son usage comme moteur principal ou moyen de transmission remplaçant les changements de vitesse dans certains modèles récents d'automobiles.

CHAPITRE VIII

Les Appareils de mesure électriques

Toutes les voitures automobiles sont munies aujourd'hui de l'allumage électrique qui seul permet le réglage précis du moment d'inflammation ; le procédé le plus répandu encore maintenant est celui par accumulateur ou pile et bobine, bien que la magnéto tende de plus en plus à se substituer à ce système, la logique voulant qu'à bord d'un véhicule mécanique toutes les opérations soient effectuées par la mécanique.

Il est nécessaire, indispensable même, de savoir constamment à quoi s'en tenir sur la valeur du courant débité par la source d'électricité ainsi que sur l'état de conservation des éléments générateurs. C'est pourquoi certains constructeurs se sont fait une spécialité de la fabrication de petits instruments de mesure dérivant des modèles analogues employés dans toutes les stations d'électricité, mais sous des dimensions les rendant peu applicables à des usages où une extrême légèreté est de rigueur.

Les constantes du courant qu'il est bon de connaître ou de vérifier sont : la *tension* ou voltage, qui se mesure avec des appareils dits *voltmètres*, et l'*intensité* ou débit, que l'on détermine au moyen de l'*ampèremètre*. Comme il est bon de ne pas confondre entre eux ces deux appareils dont le but est tout différent, nous donnerons ici quelques explications succinctes sur leur fonctionnement.

On sait que lorsqu'on approche une aiguille aimantée montée sur pivot, et semblable à celle qui indique le nord dans une boussole, d'un fil métallique dans lequel circule un courant électrique, instantanément cette aiguille oscille et se met en croix avec le fil. Son pôle sud se porte toujours vers la gauche du courant, ainsi que l'a démontré Ampère dans ses expériences.

Si, au lieu de faire passer le courant dans un fil simplement tendu en ligne droite et sur lequel on pose la boussole, on le fait passer au-dessus et au-dessous de celle-ci, l'action sur l'aiguille sera notablement augmentée. Elle sera encore plus grande si ce fil fait un grand nombre de tours autour de l'aiguille, et la déviation sera plus franche et plus stable qu'avec un seul tour. On aura ainsi constitué un cadre multiplicateur et édifié un galvanomètre avec cette aiguille aimantée soumise à l'influence de l'induction.

Pour rendre plus sensibles les déplacements de l'indicateur, on a imaginé, dans les galvanomètres employés dans les mesures électriques délicates, de suspendre un système d'aiguilles astatiques à un fil de façon à permettre à celles-ci de se mouvoir librement à l'intérieur du cadre, sur lequel est enroulé un fil extrêmement fin et long. Un cadran porte les divisions, et l'aiguille en s'arrêtant devant un chiffre permet de déterminer la valeur du courant produisant la déviation.

Afin de donner plus de précision encore aux mesures, dans la plupart des appareils actuellement en usage, le système formé par les aiguilles astatiques est rendu *apériodique*, c'est-à-dire que, grâce à une ailette d'aluminium éprouvant dans son déplacement une certaine résistance de la part de l'air, les barreaux aimantés prennent immédiatement leur position d'équilibre sans aucune oscillation. Telles sont les dispositions données aux galvanomètres Deprez d'Arsonval, J. Richard, Carpentier, etc.

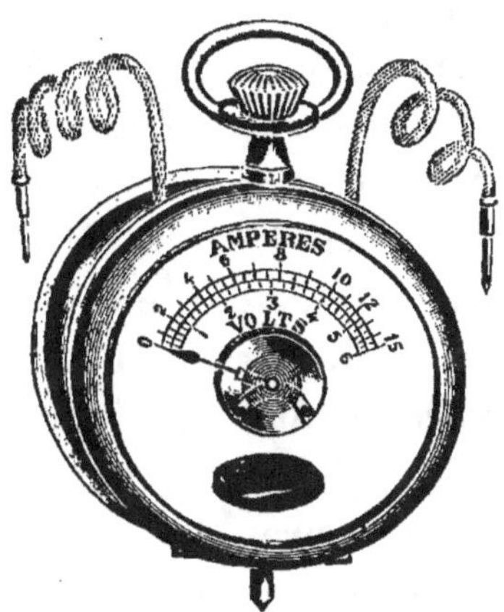

Fig. 36. — Voltmètre forme montre.

Les voltmètres et ampèremètres employés pour les besoins de l'automobile ne sont pas autre chose que des galvanomètres multiplicateurs, et leur construction repose sur l'un des trois principes suivants :

Action d'un aimant sur un aimant ou d'un aimant sur un courant, ou encore d'un courant sur un courant. Les modèles les plus répandus sont ceux basés sur l'effet d'un aimant sur un autre, et leur fonctionnement peut s'expliquer de la manière suivante :

On entoure de fil un petit barreau de fer doux disposé dans une position convenable face aux pôles d'aimants permanents de forme appropriée. La petite bobine ainsi agencée est traversée par un axe analogue à celui d'une montre et qui porte une fine aiguille indicatrice calée à l'une de ses extrémités du côté du cadran. Lorsque le fil conducteur enroulé autour de cette bobine n'est traversé par aucun courant, les aimants permanents maintiennent la bobine dans une position fixe, mais dès qu'un courant circule dans ses spires, la bobine décrit sur son axe un arc de cercle plus ou moins étendu, entraînant avec elle l'index qui se meut devant le cadran divisé d'après une graduation fournie par un appareil étalon.

La différence essentielle existant entre un voltmètre destiné à mesurer la force électromotrice ou tension d'un courant et un ampèremètre devant faire connaître le débit d'électricité d'une source quelconque, consiste simplement dans la grosseur du fil enroulé autour de la bobine. Dans l'ampèremètre, ce fil est de fort diamètre et ne fait que très peu de tours autour du noyau, tandis que dans le voltmètre, au contraire, cet enroulement est formé d'un très grand nombre de tours d'un fil extrêmement ténu. La première bobine n'offre qu'une très faible résistance au passage du courant, l'autre en présente une très grande, et voici la

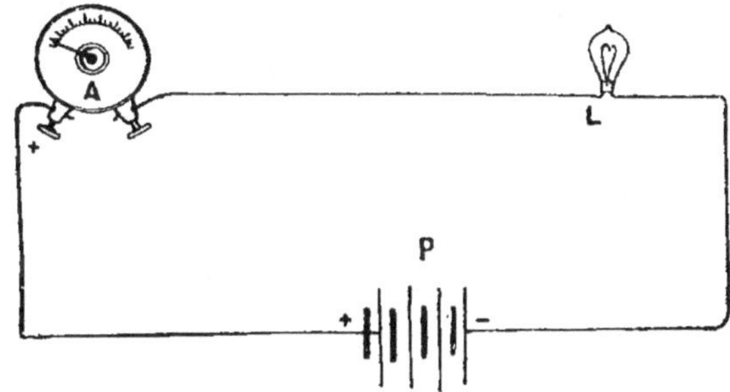

Fig. 37. — Intercalation d'un ampèremètre dans le circuit.

raison de ces dispositions absolument contraires.

Le fil du voltmètre ayant une résistance considérable, il ne pourra être parcouru que par une fraction très faible du courant total ; par conséquent, la quantité d'énergie électrique produite par la source ou circulant dans le circuit ne sera pas sensiblement influencée par l'intercalation dans la ligne de cet appareil, qui ne consommera ainsi qu'une proportion infime d'électricité. La déviation de l'aiguille ne résultera donc que du nombre d'ampères-tours de la bobine, c'est pourquoi la graduation portée par le cadran est établie d'après les mesures prises avec des appareils étalons, la course fournie par cette aiguille étant proportionnelle à une différence de potentiel déterminée d'avance et évaluée en volts. On conçoit donc que, suivant qu'il s'agit de mesures des tensions de quelques volts seulement, de 6 à 10, par exemple, la bobine et la graduation du cadran doivent être totalement différentes de ce qu'elles seraient lorsqu'il s'agit de mesurer des tensions de 80 à 120 volts, comme c'est le cas pour les circuits d'éclairage électrique.

Dans l'ampèremètre, c'est l'intensité qu'il s'agit de déterminer, c'est-à-dire l'importance du flux d'électricité passant dans le circuit, il ne faut donc, autant que possible, opposer aucune entrave, aucune obstruction inutile au passage du courant, car il doit agir directement sur le fil de la bobine et sur l'aiguille indicatrice, et c'est pourquoi le fil roulé sur le noyau de cet organe doit être de fort diamètre. Telle est la raison de la différence qui existe dans la construction de l'ampèremètre et du voltmètre, en remarquant cependant que pour mesurer l'intensité exprimée en ampères et la différence de potentiel évaluée en volts, la manière de brancher ces appareils dans le circuit ne doit pas être la même.

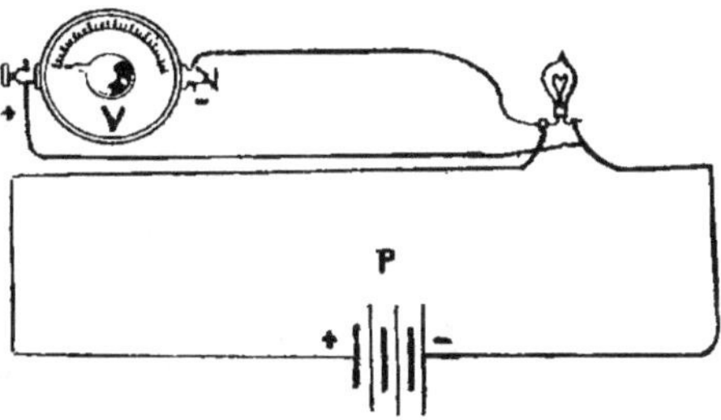

Fig. 38. — Disposition d'un voltmètre en dérivation.

En effet, l'ampèremètre ne consommant qu'une quantité infime d'électricité pour son fonctionnement peut être laissé constamment dans le circuit. Il est donc monté *en série*, ordinairement sur le trajet du fil positif, comme le montre notre figure 37, le fil correspondant à la borne de sortie se rendant ensuite aux appareils d'utilisation. Il indique donc à tout moment l'intensité du courant circulant dans la canalisation.

Le voltmètre lui, indique, la chute de potentiel ou force électromotrice disponible aux bornes d'un appareil en action ou d'une source d'électricité. Il doit toujours être branché *en dérivation*, c'est-à-dire qu'on ne fait passer le courant dans sa bobine qu'au moment d'effectuer la mesure en mettant les deux bornes du voltmètre en rapport avec les fils ou les bornes entre lesquels il existe la différence de potentiel que l'on veut connaître (fig. 38).

Lors des débuts de l'automobile, il n'existait dans le commerce que des modèles d'appareils de mesures de grandes dimensions, et par suite, d'un maniement assez incommode. Depuis lors, on a étudié des modèles spéciaux pour cette application, et certains sont de véritables bijoux que l'on pourrait prendre pour de véritables montres de haute précision.

On assemble quelquefois le voltmètre et l'ampèremètre sur une même planchette comportant en même temps les interrupteurs et commutateurs nécessaires. Ces dispositifs permettent en un clin d'œil de mesurer et contrôler les ressources en électricité des voitures, même quand il existe plusieurs circuits.

De nombreux constructeurs, tels que M. J. Richard, se sont fait une spécialité de la construction de ces petits appareils ; ce dernier a résolu une foule de combinaisons des plus intéressantes pour les chauffeurs, notamment un *voltmètre-applique*, à rhéostat rond ou rectangulaire, qui tient lieu à lui seul de cinq appareils.

Fig. 39. — Voltmètre à contact par bouton-poussoir.

Lorsqu'on possède deux batteries d'accumulateurs ou de piles, on peut brancher à volonté la batterie 1 ou la batterie 2 sur la bobine et le circuit d'allumage, selon que l'on enfonce la fiche de contact dans l'un ou dans l'autre des trous que porte la planchette. En poussant un bouton, le voltmètre indique la tension aux bornes de l'une ou de l'autre des batteries, suivant l'endroit où la fiche est enfoncée. En mettant, dans les distributeurs par trembleur, ce trembleur et la came en contact, et en appuyant ensuite sur un autre bouton, on obtient le voltage du circuit, la bobine étant en court-circuit, par l'une ou l'autre des deux batteries. En mettant ensuite le moteur en marche et en appuyant sur ce même bouton, on obtient la tension du circuit de la bobine en marche sous l'action de l'une ou de l'autre batterie. Enfin, en retirant la fiche de son logement, on coupe tout circuit, cette fiche formant cheville de contact.

Ce petit tableau possède encore un rhéostat qu'un bouton spécial permet d'intercaler à volonté dans le circuit ; en tournant ce bouton plus ou moins, on règle la résistance que l'on ajoute suivant le besoin, notamment lorsque, les accumulateurs venant d'être rechargés, leur tension est un peu trop forte pour la bobine et risque d'échauffer les enroulements de celle-ci. En réglant donc au chiffre voulu l'intensité du courant, on a un meilleur allumage à la bougie, la bobine se trouve protégée, son condensateur mieux chargé et les batteries soumises à un travail moins fort s'épuisent beaucoup moins rapidement. Il est inutile d'ajouter que ce dispositif peut également fonctionner avec n'importe quelle source d'électricité.

Fig. 40. — Voltmètre de guidon de motocyclette.

Les voltmètres et ampèremètres doivent faire partie de l'outillage de toute voiture à pétrole bien agencée ; ils sont indispensables pour la vérification fréquente de l'état de la source du courant : batterie ou machine, ainsi que des circuits primaires et secondaires. Le chauffeur n'a plus d'ailleurs que l'embarras du choix entre une foule de modèles à tout prix et présentant la plus grande commodité d'emploi. Mais il ne faut pas omettre, lorsqu'on utilise ces indicateurs, les précautions que nous avons énumérées pour le montage, et l'on fera bien de s'assurer, à l'occasion, qu'ils conservent leur intégrité du début, car il arrive, pour des causes diverses, que l'aimantation diminue peu à peu avec le temps dans l'aimant directeur et que, par suite, l'aiguille ne donne plus que des indications erronées, ce qui nécessite le réétalonnage de l'appareil.

Au nombre des accessoires d'électricité indispensables à tout véhicule possédant un moteur à pétrole, il faut encore citer les *indicateurs de pôles* et les divers *coupe-circuits*.

L'indicateur de pôles se compose ordinairement d'un tube de cristal rempli d'un liquide de composition particulière et maintenu à ses extrémités par des montures métalliques servant en même temps de bornes de prise de courant. Cet instrument, qui a pour but de remplacer les galvanomètres et les petites boussoles de poche, s'emploie de la façon suivante : on met ses deux bornes en relation, par des fils conducteurs souples, avec les conducteurs d'une source quelconque d'électricité. Aussitôt le contact opéré, la pointe de l'indicateur correspondant au pôle positif prendra une teinte rose violacée. Cette facilité de reconnaître ainsi immédiatement, sans chance d'erreur ni tâtonne-

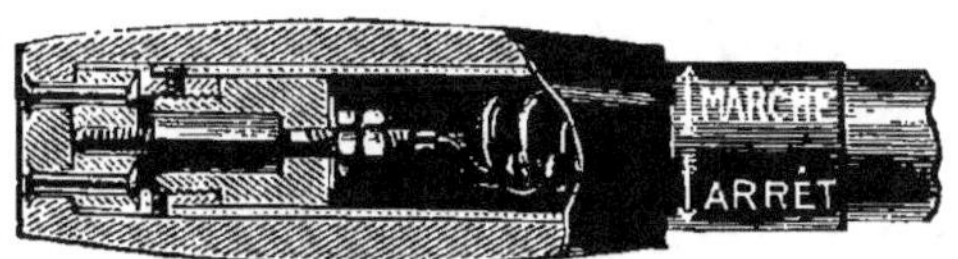

Fig. 41. — Contact de poignée de guidon.

ment, la nature des courants est d'une grande commodité.

C'est surtout quand il s'agit de procéder à la recharge des accumulateurs qu'il est important de distinguer un pôle de l'autre, pour établir ensuite correctement les connexions, et l'indicateur de pôles présente dans ce cas une réelle utilité. On lui a donné encore la forme d'une petite cassette contenant un aimant, qui, par les phénomènes d'attraction ou de répulsion auxquels il donne naissance, permet de reconnaître sans se tromper quel est, de deux fils d'un circuit, celui qui est parcouru par le courant positif.

Les coupe-circuits ou interrupteurs sont de petits engins de sécurité indispensables, car ils permettent d'empêcher toute déperdition d'énergie dans le circuit pendant les moments d'arrêt. Les motocycles et motocyclettes en possèdent ordinairement deux : l'un qui est disposé à l'intérieur de la poignée de gauche du guidon, l'autre fixé sur ce guidon même ou sur le tube horizontal du cadre en avant de la selle. Le contact est opéré, dans le premier cas, par un disque de laiton fixé au fond de la poignée mobile et qui vient toucher les deux parties du conducteur à réunir, par un simple mouvement de rotation de cette poignée autour de son axe.

Les *contacts de guidon* sont formés d'un dé en ébonite ou en fibre portant deux tiges filetées verticales sur lesquelles se fixent les extrémités des fils, lesquelles sont serrées par des vis

Fig. 42.— Contact de guidon.

à contour moleté. Ils se font également en deux parties, l'une fixe et l'autre, pourvue de deux broches métalliques, mobile. Mais, le plus souvent, la communication entre les deux parties interrompues du conducteur est opérée avec une cheville de laiton cylindrique, terminée par un bouton en matière isolante.

On peut dire que l'imagination des constructeurs s'est donné libre carrière dans les dispositions à donner à ces petits accessoires qui dé-
notent souvent une grande ingéniosité et dont
l'utilité est incontestable. Cependant nous devons nous borner pour arriver à l'étude des
appareils d'allumage proprement dits.

CHAPITRE IX

Les appareils d'allumage.

Le système encore le plus répandu, pour assurer l'inflammation du mélange détonant à l'intérieur des cylindres de moteurs d'automobiles est encore la *bougie*, quelle que soit la source de l'électricité parvenant à cette bougie, et la preuve en est dans le nombre considérable de systèmes de bougies qui se disputent la faveur des chauffeurs.

La bougie a pour but de produire dans la chambre d'explosion disposée au fond ou sur le côté du cylindre, l'étincelle électrique chargée de communiquer au mélange d'air carburé la haute température déterminant sa déflagration, et, en vertu de l'expansibilité des gaz ainsi dégagés, l'action motrice que le piston transmet, par son déplacement, à l'arbre de couche.

Sans nous occuper ici des moyens par lesquels on règle à volonté l'instant précis où doit jaillir l'étincelle, et que nous étudierons dans le prochain chapitre, nous dirons qu'en principe la bougie se compose de deux parties métalliques disposées concentriquement, et sépa-

Fig. 43. — Inflammateur électrique marque Nilmelior.

rées l'une de l'autre par une épaisseur d'isolant. Les courants induits à haute tension étant conduits par ces deux pièces, on conçoit qu'il est nécessaire qu'elles soient très bien isolées l'une de l'autre pour éviter des courts-circuits entre elles, et c'est à réaliser ce problème que les fabricants se sont évertués.

Au début des automobiles à allumage électrique, les bougies offertes au public n'avaient aucune solidité, aucune résistance : l'isolant se fendillait, éclatait sous l'effet de l'intense chaleur développée par les explosions, et les pointes métalliques entre lesquelles jaillissait l'étincelle s'encrassaient rapidement, se recouvraient d'un enduit tenace de noir de fumée et de goudron, et empêchaient le courant de passer et l'étincelle de se produire. Cet encrassement, qui paraissait impossible à éviter, résultait de l'action des gaz brûlés qui n'étaient pas complètement évacués au moment de l'échappement et venaient produire un dépôt de suie sur la bougie. Mais, par divers artifices de construction, on est parvenu à supprimer presque entièrement ces défauts, qui entraînaient de continuels ratés d'allumage faisant perdre au moteur une grande partie de sa puissance nominale.

Les systèmes de bougies d'allumage sont aujourd'hui très nombreux et chaque constructeur de véhicules mécaniques a son modèle de prédilection qu'il considère, pour diverses raisons personnelles, comme supérieur à tous ses congénères et concurrents.

En principe, la bougie se compose d'une monture métallique portant extérieurement, à sa partie postérieure, un pas de vis pouvant s'engager à l'intérieur d'un taraudage correspondant creusé dans la culasse du moteur. La tige de la bougie est munie d'un écrou à six pans, dont l'embase cylindrique vient s'appuyer sur la culasse, lorsque le pas de vis est engagé à fond.

Dans l'axe de la tige, et maintenu par un mastic ou un ciment particulier, se trouve un tube en porcelaine émaillée, ou composé d'une suite de rondelles de mica superposées dans certains modèles, et qui protège du contact du corps métallique de la bougie, une tige en cuivre intérieure, dépassant de quelques millimètres la porcelaine à une extrémité, tandis que l'autre traverse un chapeau cylindrique ou à six pans et se termine par une borne ou par une partie filetée recevant une vis de pression pour l'attache du fil.

Parmi les modèles de bougies d'allumage les plus connus, citons la bougie de Dion-Bouton avec isolant en mica, avec calotte et tige de nickel permettant les réparations en cas d'avaries à la tige centrale ; la bougie *Robuste*, en stéatite, assurée comme incassable ; la bougie *Oléo*, très appréciée des chauffeurs ; la bougie *Pognon* démontable et réparable (fig. 44) ; la bougie *Hydra* et les modèles Diétrich, Hotchkiss, Peugeot, Bayard-Clément, Nilmelior, etc. Certaines présentent des particularités intéressantes et nous devons être moins brefs à leur sujet.

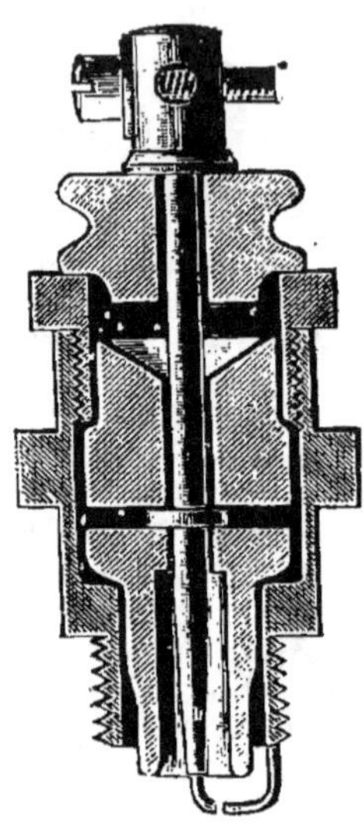

Fig. 44. — Coupe de la bougie Pognon.

Bougie Maquaire. — Cette bougie présente un évidement dans la porcelaine laissant libre le fil intérieur et diminuant pour un temps le contact avec les crasses adhérant au corps isolant. Elle est coiffée d'une pièce en forme de capsule, perforée à sa partie supérieure d'une série de trous très fins et offrant à son centre un trou plus grand et calculé pour le passage du fil amenant le courant induit, lequel vient faire contact avec la capsule en rapport avec la « masse », pour engendrer une étincelle rayonnante autour du trou central.

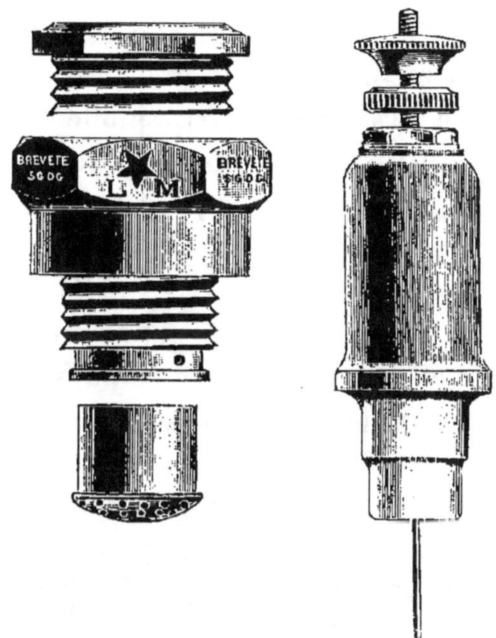

Fig. 45 et 46. — Bougies d'allumage Maquaire.

On comprend donc que, si l'afflux des liquides : huile de graissage, essence ou autre, est
par trop abondant, sa combustion vient s'effectuer sur cette espèce de grille très éloignée du
cylindre isolant et empêcher par suite les dé-

pôts de suie ou de crasse sur cette partie. Le déplacement d'air et de gaz provenant de l'aspiration et de la compression forme, à chaque temps du cycle, un mouvement de va-et-vient qui, en passant par les trous de la grille, balaie et brûle en même temps tous les résidus au fur et à mesure de leur dépôt. Le mode de fixation de cette capsule sur le corps de la bougie est très simple, car il se fait en entrant cette capsule à force dans la masse.

Bougie Compound. — Ce modèle diffère de tous les autres en ce qu'il supprime radicalement le scellement de plâtre réunissant la porcelaine au métal de la bougie, scellement qui ne peut avoir de durée, puisqu'il unit deux

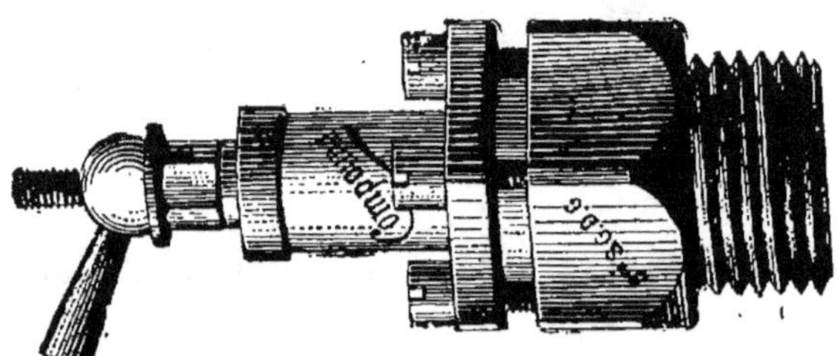

Fig. 47. — Bougie système « Compound ».

substances hétérogènes dont l'une se rétracte tandis que l'autre se dilate par l'action de la chaleur. La bougie *Compound* est indépendante de son support contre lequel elle se trouve bloquée par un serrage rationnel avec ressort compensateur rendant pratiquement l'objet incassable. Ce support, dont la durée est indéfinie, fait corps avec le moteur, et quelques tours de clé suffisent pour démonter et changer la bougie sans avoir à toucher à son support.

L'étanchéité est assurée par le rodage de la porcelaine et de la tige métallique qui forme un joint absolument hermétique. Enfin cette bougie est inencrassable, la disposition en cupule de ses électrodes étant telle que l'étincelle jaillit circulairement et que la flamme de chaque explosion vient nettoyer automatiquement le bord extérieur du détonateur.

Bougie A.-M. à condensateur. — Ce système fournit un allumage par double étincelle à condensation, procurant un maximum de rendement, et fonctionnant même dans l'huile. Toutefois, elle n'équivaut pas encore à la *bougie Darop*, qui présente, avec des dispositions analogues, l'avantage d'être inencrassable et incassable.

Bougie d'Arsonval-Vaugeois, construite par Perez. — Cette nouvelle bougie se compose d'une monture ordinaire, formant tube à son extrémité, avec écrou de serrage pour faire le joint autour de la porcelaine. Cette porcelaine porte un évidement destiné à recevoir une porcelaine plus petite. Toutes deux sont traversées par une tige centrale en nickel amenant le courant induit. Un joint d'amiante assure l'étanchéité entre les deux porcelaines. La tige centrale filetée reçoit la borne d'arrivée du courant, et l'effet de la dilatation est compensé par l'interposition d'une rondelle Grover entre la porcelaine et la borne. L'autre extrémité se termine en forme d'obus. Entre les deux porcelaines est intercalée une pièce en nickel ayant la forme d'un T, de longueur calculée, de façon à laisser un intervalle de 1 millimètre : 1° entre l'obus et le T ; 2° entre le culot et la bougie formant tube et ce même T. Ce T est parfaitement isolé de la masse et du courant induit, sans aucun scellement qui puisse se désagréger sous l'action de la chaleur. L'étincelle qui éclate entre l'obus et le T est l'étincelle disruptrice, et celle qui éclate entre le T et la masse est l'étincelle induite.

Par la construction de cette bougie (les deux étincelles éclatant dans un tube) et aussi par le phénomène connu sous le nom de disruption, l'encrassement n'a aucune influence sur le fonctionnement de la bougie. Les deux étincelles

éclatant simultanément, en deux points différents, d'une façon certaine et régulière, les
ratés sont évités. Par suite de l'instantanéité de
l'inflammation du gaz, elle augmente la force du
moteur parce qu'elle augmente sa vitesse. On
peut donc dire que cette bougie disruptrice est

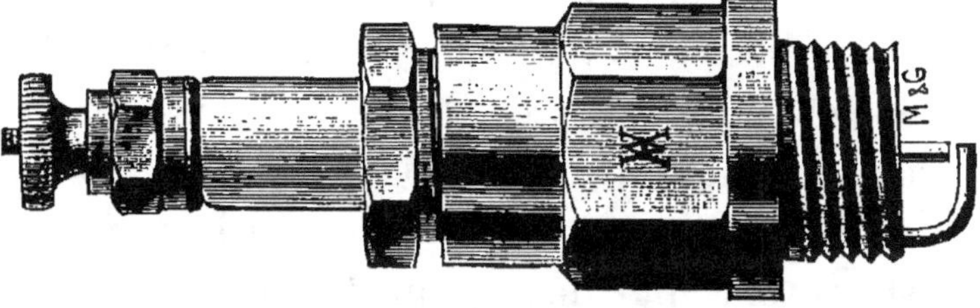

Fig. 48. — Bougie inencrassable d'Arsonval-Vaugeois.

la seule qui évite aux chauffeurs les inconvénients des autres systèmes.

Bougie Triplex. — La bougie Triplex est
ainsi nommée parce qu'elle a la particularité
de posséder trois pointes électrodes sur son
culot de vissage, elle a cet avantage d'être très
robuste et, grâce à ce point essentiel, peut
supporter toute dilatation et contraction, car
ses pointes sont serties et brasées sur sa monture même.

La Triplex est sans ratés, parce que les
pointes travaillent les unes après les autres, et

par conséquent lorsqu'une d'elles se trouve dans une mauvaise position de fonctionnement, tel par exemple l'interposition de matière mauvaise conductrice de l'électricité, de suite une autre pointe la remplace.

La Triplex est inencrassable grâce à son électrode centrale, terminée par une partie sphérique permettant à la goutte d'huile de se déposer à la partie inférieure, laissant ainsi deux pointes en bonne position pour la production d'étincelles ; à noter que la porcelaine est protégée par des gaz brûlés, renfermés dans une chambre d'explosion ne permettant pas la combustion de l'huile qui viendrait à s'introduire entre l'électrode centrale et l'orifice du culot.

La Triplex est démontable, car aucune partie ne se trouve scellée, il suffit donc de desserrer deux écrous de cette bougie pour avoir librement toutes ses pièces. En cas de bris de la porcelaine, il suffit au chauffeur de démonter sa bougie et de remplacer la porcelaine cassée par une neuve ; par conséquent la Triplex est encore prête à rendre de longs services, au lieu d'être mise au rebut comme dans la plupart des cas.

Bougie Luthi. — Les premiers types de bougies, offraient divers inconvénients, dont les plus importants étaient le manque de solidité et l'encrassage. L'inventeur de la bougie Luthi remédia à ces défauts, d'abord en employant le nickel pur dans la construction de cet organe et, en outre, en adoptant une forme nouvelle en cloche pour mettre les contacts, entre lesquels se produit l'étincelle, à l'abri de l'huile provenant du moteur. La tige et la cloche sont en nickel pur, la collerette est émerisée dans la porcelaine, ce qui a pour effet d'empêcher toute fuite des gaz comprimés. La tige est retenue contre la porcelaine par un petit ressort en spirale et un écrou, ce qui évite la casse de la porcelaine, qui pourrait être occasionnée par un échauffement excessif. Enfin le fil de haute tension est fixé à la bougie par un écrou à manette.

La bougie Luthi présente certains avantages. L'emploi d'un double protecteur en nickel pur rend impossible l'encrassement de la porcelaine ; celle-ci restant toujours propre, conserve ses qualités isolantes et supprime les courts-circuits, les ratés, etc., causes de nombreux ennuis. Les électrodes, par une disposition ingénieuse, font jaillir simultanément plusieurs étincelles à chaque explosion ; celles-ci brûlent l'excès d'huile qui pourrait pénétrer à l'intérieur de la bougie. Son démontage est simple : il suffit d'enlever les écrous de l'extrémité de la tige et de dévisser le grand écrou du corps de la bougie. Pour mettre une nouvelle tige, émériser la collerette dans la porcelaine avec un peu d'huile et de l'émeri fin ; une minute suffit pour cette opération.

Si l'on veut séparer davantage les contacts, on enlève le joint cuivre-amiante placé sous le renflement inférieur de la porcelaine et on le remplace par un plus mince ; pour les rapprocher, il suffit d'ajouter une simple rondelle de cuivre.

Pour nettoyer cette bougie, il suffit de démonter la tige centrale et gratter à sec, avec une lame quelconque ou de la toile émérisée, le rebord extérieur ; après quoi, on n'a qu'à remonter la tige.

Mais il faut avoir soin de ne jamais employer d'essence pour ce petit travail, car l'intérieur, étant toujours parfaitement propre, n'a pas besoin d'être nettoyé, puisque l'encrassement ne se produit que sur le rebord extérieur.

En outre des types de bougies que nous venons de voir en détail, la même Société construit un nouveau type spécial de bougie pour magnétos.

Fig. 49. — Bougie Luthi.

On sait qu'aucune bougie ordinaire à deux fils ne peut donner de bons résultats avec la magnéto à haute tension pour diverses causes ; mais, d'après les essais effectués avec la bougie étudiée ici, les résultats obtenus ont été satisfaisants.

L'allumeur électro-catalytique Wydts, d'invention récente, présente une certaine originalité : S'il pouvait fonctionner régulièrement,

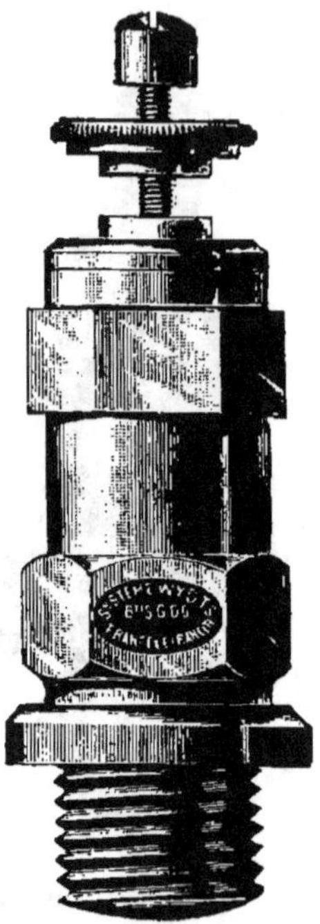

Fig. 50. — Allumeur électro-catalytique Wydts.

il supprimerait l'emploi de la bobine d'induction, du trembleur et autres contacts périodiques. Il utilise, en même temps que le courant électrique, les propriétés de catalyse, que présentent les métaux de la série platinique.

Il suffit d'un seul élément d'accumulateur débitant de 0,06 à 0,08 ampère sous la tension de 2 à 2,5 volts pour assurer l'incandescence de la spirale de platine qui produit l'inflammation du mélange carburé à l'intérieur du cylindre.

L'allumeur électro-catalytique affecte la forme d'un cylindre entièrement métallique ; il se visse sur la chambre d'explosion des moteurs à la place de la bougie ordinairement employée et il peut être employé pour les moteurs à plusieurs cylindres accouplant convenablement les spirales constituant l'organe inflammateur.

Pour la mise en marche d'un moteur pourvu de l'allumage catalytique, on commence par régler la position du curseur d'un petit rhéostat intercalé sur le circuit entre l'accumulateur et l'allumeur proprement dit. Si, la carburation étant bien au point, le moteur ne démarrait pas, on diminuerait peu à peu l'importance de la résistance ainsi mise en circuit. L'avance et le retard à l'allumage s'obtiennent également par la manœuvre du rhéostat. Toutefois ce dernier appareil ne s'emploie pas pour les motocyclettes.

Tels sont les principaux dispositifs proposés

pour assurer l'inflammation de l'air carburé. Lorsque la source d'électricité est une machine magnéto, on fait également usage d'inflammateurs pour l'éclatement de l'étincelle, mais il est encore un autre procédé dont nous devons parler et qui est utilisé avec les machines fournissant un courant à basse tension.

Ce courant est conduit à un tampon ou interrupteur fixé sur chaque chambre d'explosion, dans le cas d'un moteur à plusieurs cylindres. Ce tampon se compose, dans le système Simms-Bosch, de deux organes principaux : l'un immobile et isolé constitué par une simple tige de nickel ou d'acier-nickel, auquel aboutit le fil venant de la borne isolée de la magnéto, l'autre est un double levier dont l'un des bras est intérieur au moteur et qui communique avec l'autre à l'extérieur par l'axe traversant le tampon et formant soupape pour éviter toutes chances de fuites.

Un ressort fixé au levier extérieur retient l'autre levier en contact, à l'intérieur avec la tige isolée et sert à fermer le circuit électrique. Au moyen d'une tige ou d'une combinaison de leviers commandés par une came et agissant sur le premier de ces leviers, l'autre situé à

9.

l'intérieur est arraché de la tige isolée en interrompant le passage du courant, ce qui produit ainsi une forte étincelle de self-induction.

Telle est la disposition donnée aux appareils d'allumage, lorsque la source du courant

Fig. 51. — Inflammateur Richard-Brasier pour magnétos.

est une magnéto ; elle est reproduite avec quelques variantes ayant pour effet d'assurer un fonctionnement irréprochable et la production d'étincelles très chaudes, par les divers constructeurs d'automobiles ayant adopté la magnéto de préférence aux accumulateurs ou autres dispositifs.

Il ne nous reste plus, maintenant, et pour compléter ce chapitre, qu'à dire un mot de certains accessoires d'allumage qui, sans être absolument indispensables, peuvent cependant présenter un certain intérêt.

Tel est, par exemple, le *vérificateur d'étin-*

celle permettant de reconnaître sans aucun démontage si cette étincelle se produit bien, en temps voulu et avec toute l'intensité désirable, sous la pression de 4 à 6 atmosphères régnant dans la chambre d'explosion après le deuxième temps du cycle. Le modèle appliqué aux voitures *Bolide* par M. Lefebvre est intéressant : c'est un petit cylindre de verre épais, encastré dans une monture en bronze et contenant un fil isolé relié par une dérivation au circuit général. L'appareil est vissé sur la culasse du moteur et en rapport avec sa capacité. Un seul coup d'œil à travers la fenêtre de cristal permet de reconnaître si l'étincelle jaillit convenablement dans le milieu à haute pression où elle se produit, et cette vérification évite le démontage de la bougie, qui, d'ailleurs, n'apprend pas grand chose sur ce qui se passe à l'intérieur du cylindre pendant la compression.

CHAPITRE X

Les appareils de réglage de l'allumage.

Entre la bobine et la bougie est intercalé un distributeur, le plus souvent mécanique, chargé de fermer le circuit et envoyer le courant à l'allumeur au moment précis où l'allumage doit se produire. C'est cette pièce qui permet de réaliser ce que l'on a désigné sous le nom d'*avance à l'allumage*, opération essentielle pour les moteurs d'automobiles, et dont nous avons expliqué le mécanisme dans notre chapitre II.

Dans les moteurs de Dion et Bouton, ce distributeur est placé sur le côté gauche du carter, au-dessus de la boîte renfermant les deux pignons de commande, dont le rapport est de 2 à 1, de manière à ce que la came comman-

dant le contact fasse un tour pour deux de
l'arbre moteur. Cette came, qui a la forme
d'une rondelle d'acier, est échancrée sur le
bord, et c'est dans cette entaille que vient tom—

Fig. 52. — Plaque d'allumeur de Lacoste et Cie.

ber à chaque tour la masse fixée à l'extrémité
d'une lame d'acier souple maintenue à son
autre bout par une vis s'engageant dans un
petit pilier en laiton.

Le fonctionnement de ce dispositif s'explique
comme suit : pendant les trois quarts de la rotation de la came, le marteau du trembleur frotte

sur la périphérie de cette came, et le plot de métal platiné vissé au milieu de la lame d'acier demeure écarté de la pointe également platinée d'une vis mobile dans un support. Quand le marteau tombe dans l'encoche de la came, le plot vient au contact de la vis et le circuit se trouve fermé, le courant arrivant par cette vis, s'écoulant alors par la masse en rapport avec la masse de la bougie, et l'étincelle peut alors jaillir aux pointes de celle-ci.

L'ensemble du distributeur est monté sur une plaque d'ivorine, d'ébonite, ou de toute autre matière isolante, et qui affecte une forme triangulaire ou ovoïde. Cette plaque, portant le trembleur, la vis de contact et les bornes de connexions des fils, est enfilée à frottement doux sur un manchon en saillie sur la boîte des engrenages secondaires, et on peut la faire tourner autour de son axe à l'aide d'une tringle mue par une manette. On conçoit donc que, suivant l'inclinaison que l'on donnera au trembleur par rapport à l'encoche, la chute du marteau dans cette échancrure, et par suite la fermeture du circuit, s'opérera à des moments différents correspondant à des positions différentes du piston à l'intérieur du cylindre. Sui-

vant que celui-ci aura ou non terminé sa course,
l'étincelle éclatera et l'inflammation se produira
plus ou moins tôt, et, si elle s'opère avant que
cette course soit achevée, on obtiendra l'*avance*

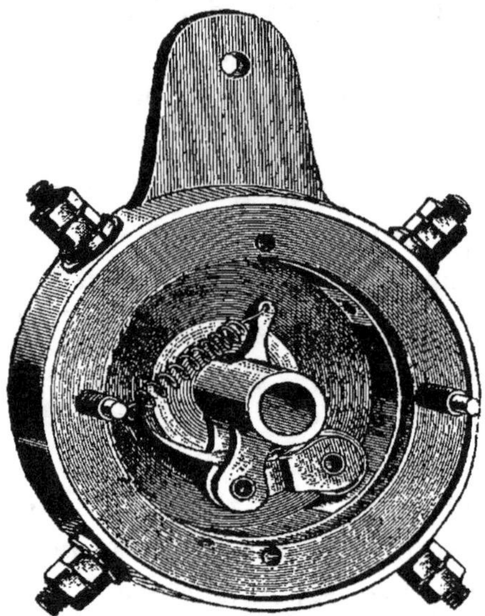

Fig. 53. — Allumage à cuvette de Perez.

à l'allumage cherchée, et un plus grand nombre
d'explosions motrices dans le même temps,
c'est-à-dire une plus grande vitesse de rotation.

Tel est le principe de cette distribution, à
laquelle on a apporté diverses modifications.
L'une des plus répandues consiste à disposer le

contact en quelque sorte en sens inverse. C'est-à-dire qu'au lieu d'être creusée d'une encoche, la came distributrice porte un bossage de forme ogivale. Au lieu d'une petite masse triangulaire, le trembleur reçoit un petit galet qui roule sur le contour de la came. Lorsque le bossage se présente, la lame du trembleur est repoussée en arrière au contact de la vis platinée qui ferme le circuit à ce moment.

Souvent, la plaque portant ce mécanisme présente une forme circulaire ; de toute manière les pièces sont protégées de la poussière et de la boue par un couvercle en aluminium maintenu par des vis. Une oreille sur le côté reçoit la tringle de commande permettant l'oscillation à droite et à gauche de la plaque autour de son axe, et assurant le réglage du moment d'allumage et la vitesse de rotation du moteur.

Le même système s'emploie pour les moteurs à deux ou à quatre cylindres. Bien entendu, la plaque porte autant de trembleurs et de vis de contact, et la came d'encoches, que le moteur compte de cylindres. Au lieu d'une came, on peut encore faire usage, comme dans le dispositif représenté par la figure ci-contre, d'une roulette en ébonite portant un plot métallique en rapport par une vis interne avec le fil allant à la masse. Les lames de ressort des trembleurs appuient constamment sur la circonférence de cette roulette, et, chaque fois qu'elles viennent

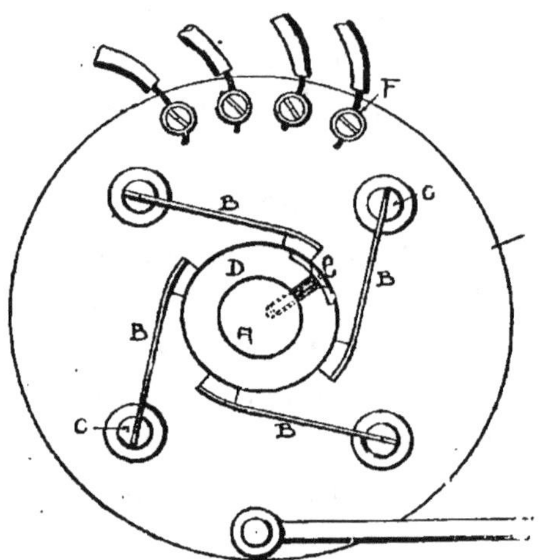

Fig. 54. — Allumage à friction pour moteur à quatre cylindres.

toucher le plot, elles ferment le circuit sur l'une ou l'autre des bougies dont chaque cylindre est muni.

Au lieu d'enfermer cet appareil à l'intérieur d'un carter en aluminium, on le recouvre simplement d'une vitre circulaire et on le fixe au tablier de la voiture sous les yeux du conducteur;

le mouvement de rotation de la came ou du galet distributeur est assuré par une transmission à courroie ; le déplacement du disque portant les contacts autour de son axe est obtenu par une petite manette que l'on peut arrêter en un point quelconque de sa course, en engageant sa tige dans les creux d'un secteur denté.

Ce système, en somme très simple dans son principe, a reçu de fréquentes modifications de la part des constructeurs. Le modèle fabriqué par les Etablissements Seltzbach se place, comme le précédent, sur le panneau de la voiture, et il fonctionne par une chaîne, disposition qui permet de vérifier à tout moment son état et sa marche. Les fils de canalisation sont dissimulés sous le capot et les bornes d'attache sont fixes, ce qui évite le cisaillement des fils aux points d'articulation. La commande de l'avance à l'allumage peut également se faire à distance, sous le capot, au moyen de deux câbles d'acier, qu'un dispositif de réglage de tension permet de tendre plus ou moins.

Dans ce système, il n'existe pas de frottement sur la matière isolante, frottement qui entraîne toujours un dépôt métallique nuisible, suscep-

tible de compromettre l'isolement en établissant des courts-circuits dans la pièce.

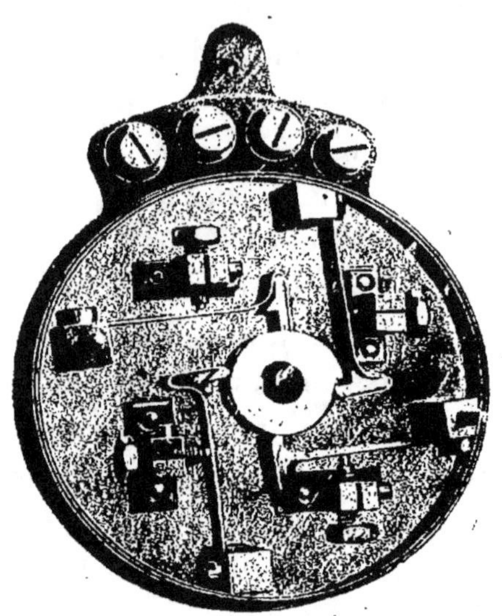

Fig. 55. — Distributeur système Calida pour moteur
à 4 cylindres.

La communication électrique est assurée
par des plots en bronze phosphoreux, sur
lesquels vient frotter une touche en acier
montée sur une lame de ressort limitée dans sa
course par une butée. L'attaque et la rupture
sont donc très brusques, ce qui est nécessaire
pour donner un allumage instantané, tout en li-

mitant la dépense de courant au strict minimum.

L'appareil de la Société « Calida » (fig. 55)
est d'une construction soignée et robuste ; il est
basé sur les mêmes principes, mais il se monte
directement sur l'arbre intermédiaire du moteur
ou sur l'axe des cames. L'avance à l'allumage
est obtenue par le déplacement de l'appareil
d'un certain angle autour de la came qui détermine, par sa position, le moment de cet
allumage.

Un autre système d'allumeur, est le « J.-M. »,
auquel nous consacrerons une courte description.

Ce distributeur de courant se compose d'un
culot en fibre, servant de bâti à l'ensemble, et
d'une couronne en matière analogue rapportée
au moyen de quatre vis. A l'intérieur de cette
couronne sont noyées une ou plusieurs touches
métalliques reliées à une ou plusieurs bornes
extérieures, selon le nombre de cylindres du
moteur. Au milieu de cette couronne, tourne
une came de forme spéciale dans laquelle est
logé un petit obus mû par un ressort ; cette
came, en tournant, établit un contact par fric-

tion chaque fois que le petit obus passe sur la
ou les touches métalliques.

Pour éviter l'usure résultant de l'étincelle
d'extra-courant jaillissant au point de fermeture
du circuit à chaque interruption, les contacts
dans l'allumeur **J.-M.** sont en acier spécial
trempé très dur ; toutefois, comme, malgré
cette précaution, ces contacts s'oxydent quand
même, ce qui ne tarde pas à créer une résistance anormale et nuisible au passage du courant, les derniers modèles sont munis d'un
couvercle étanche pouvant contenir de l'huile,
le seul liquide qui préserve le métal de l'action
corrosive des étincelles électriques, pendant
un certain laps de temps. A la place des deux
vis de montage, on a disposé deux petites colonnettes et une bague de fibre taillée en biseau
s'appliquant sur l'évasement de la couronne.
A l'autre extrémité de la bague, une bride ser-
rée par les écrous des colonnettes emprisonne
un couvercle en mica transparent permettant
de vérifier d'un coup d'œil la quantité d'huile
contenue dans ce carter. Enfin une grande
rondelle de fibre placée entre la couronne et le
culot, et sur laquelle vient s'appuyer la came,

complète l'étanchéité sur l'arrière de l'allumeur.

Le bain d'huile présente l'avantage, non seu-

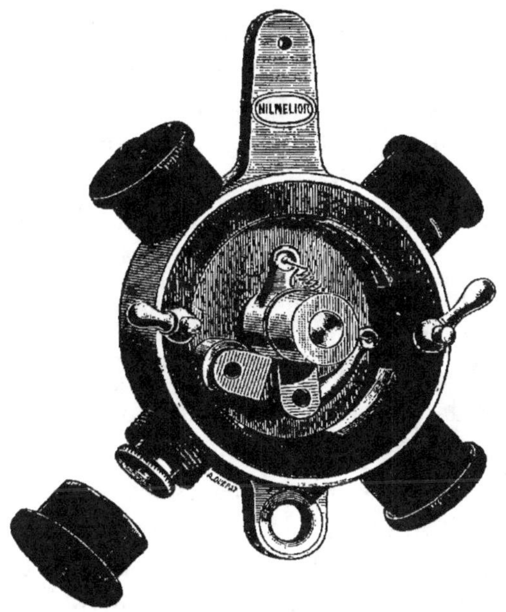

Fig. 56. — Système de contact par frottement de la
Société d'électricité Nilmelior.

lement d'éviter la corrosion du métal composant
les contacts, mais encore, en éteignant l'étincelle d'extra-courant, il transmet à la bougie

une partie de sa chaleur. Quand ce système est employé avec une bobine à trembleur, il n'est pas besoin de ce bain d'huile ; l'étincelle qui se produit à l'endroit du contact est celle que fournit le courant primaire, qui n'est pas suffisante pour détériorer les touches métalliques, car, dans ce cas, c'est à la vis de réglage du trembleur, laquelle est platinée, que se produit l'étincelle d'extra-courant.

Pour éviter tout danger de ratés d'allumage provenant de la faiblesse du courant devant fournir l'étincelle, par suite d'épuisement des piles ou des accumulateurs, on a proposé l'adjonction d'un auto-vibreur ayant pour but de provoquer dans la bobine d'induction des courants induits très puissants, donnant naissance à des étincelles très chaudes et très nourries. Avec ce petit appareil, la mise en marche des moteurs est rendue certaine dès le premier tour de manivelle, et les ratés dus à l'insuffisante chaleur des étincelles sont absolument supprimés grâce à ce système.

Nous avons expliqué, au cours des précédents chapitres, que la naissance d'un courant induit ne provient que du moment de l'ouverture ou de la fermeture du courant primaire, ouverture

et fermeture qui se produisent par le mouvement de la lame élastique du trembleur. On
conçoit donc que, plus on multipliera la rapi-
dité du mouvement de va-et-vient du trembleur,

Fig. 57. — Appareil d'avance à l'allumage à contacts
par frottement.

plus on augmentera, dans le même temps, le
nombre des courants induits, ou ce que l'on
appelle ordinairement la *fréquence* de ces courants alternatifs. Il ne faut pas oublier non
plus que la disparition du champ magnétique
est toujours plus rapide que son établissement;
il existe un certain retard à l'aimantation, et il

en résulte que la tension produite à la rupture est beaucoup plus élevée que celle qui correspond au courant de fermeture.

Il y a donc intérêt, pour obtenir une étincelle de haute température, à produire le plus grand nombre d'interruptions du courant primaire par seconde, et c'est justement ce que permettent de réaliser des appareils spéciaux appelés *rupteurs*, et dont nous donnerons ici la description de quelques modèles bien conçus.

Différents systèmes d'allumage.

Nous sommes obligé de revenir ici sur la question de la magnéto, pour montrer comment on utilise l'énergie électrique qu'elle produit. En premier lieu, nous décrirons l'agencement usité dans les types d'automobiles qui ont obtenu la faveur méritée du public, telles que les Panhard-Levassor, Richard-Brasier, etc.

Le *rupteur* est placé sur la magnéto elle-même et commandé par une came qui provoque l'émission brusque du courant dans le primaire du transformateur. Cette émission donne lieu à

10

la production, dans le secondaire, d'un courant induit de haute tension qui est automatiquement envoyé à chacune des bougies par un distributeur relié mécaniquement à la magnéto pour fonctionner synchroniquement avec elle. Un dispositif particulier permet de modifier à volonté l'instant de l'allumage.

Le mécanisme de rupture est constitué par deux organes pouvant prendre contact par des plots platinés mettant en court-circuit les bornes de la magnéto. Le plot inférieur fixe est relié directement au balai le plus rapproché de l'induit ; le plot supérieur est monté sur une pièce mobile à charnière mise en rapport avec l'autre balai à l'aide d'une lame de laiton appelée *lame de sécurité*.

Cette pièce mobile, désignée sous le nom de marteau de levée, amène la rupture du contact, et le courant est envoyé au transformateur. Quand ce marteau retombe sur son siège, le courant passe librement d'une borne à l'autre par le court-circuit sans actionner le transformateur.

Le distributeur de courant de haute tension est formé par un disque de fibre portant à sa périphérie un plot relié au secondaire de la bobine ; autour de ce disque sont fixés des doigts à frottement doux en communication avec les bougies. Lorsque, par suite du mouvement de rotation du disque, l'un de ces doigts arrive au contact du plot, le courant de haute tension passe par ce plot et arrive à la bougie correspondante où il produit l'étincelle voulue. Le distributeur est porté par un arbre qui est commandé par l'induit de la magnéto par deux roues dentées qui réduisent la vitesse de rotation dans le rapport voulu.

Le calage du distributeur sur son arbre et la longueur du plot sont déterminés de façon que le doigt et le plot soient déjà en contact au moment où la magnéto, par le jeu du rupteur, envoie son courant dans le transformateur, et que ce contact ait encore lieu lorsque le rupteur de la magnéto, en se refermant, supprime l'arrivée du courant à la bobine. De cette façon, on est certain qu'il ne passe aucun courant du plot au doigt, soit au moment où ils arrivent en contact, soit au moment où ce contact cesse, et que, par suite, il ne pourra se produire entre eux aucune étincelle capable de la détériorer.

Pour obtenir l'avance à l'allumage avec ce

système, l'induit de la magnéto est commandé par le moteur de telle façon qu'on peut le déplacer d'un certain angle par rapport au pignon qui l'entraîne, en même temps que tourne la came du rupteur. Si le déplacement a lieu dans le sens de la rotation de l'induit, la came viendra soulever un peu plus tôt le marteau du rupteur, ce qui avancera le moment du jaillissement de l'étincelle à la bougie. Un déplacement en sens inverse donnerait, on le conçoit, le retard à l'allumage, et ce résultat est ainsi obtenu très simplement par le décalage variable de l'induit par rapport à la roue qui commande la magnéto.

Allumage des voitures Richard-Brasier. Dans ces voitures, l'allumage est opéré par magnéto à basse tension, système Simms-Bosch, et rupteurs Brasier. Il présente, sur les dispositifs basés sur le même principe, l'avantage d'être indéréglable et de produire une rupture brusque à vitesse constante, quelle que soit l'allure du moteur, c'est-à-dire qu'il assure une inflammation régulière du mélange, même lorsque le moteur tourne très lentement. Un autre point intéressant réside dans le refroidissement de tout l'appareillage, y compris l'inflammateur

et l'axe de la palette de rupture : ces pièces
n'étant plus exposées à l'action de températures

Fig. 58. — Magnéto Simms-Bosch.

excessives ne se détériorent pas et n'ont plus
besoin d'être fréquemment remplacées.

10.

Les rupteurs sont disposés de façon à donner du retard à l'allumage sur la palette et au moment de la mise en marche seulement ; la magnéto tourne avec une avance constante correspondant à la plus grande avance des rupteurs.

Ceux-ci sont composés de pièces simples, travaillant sans choc, et on ne saurait mieux les comparer qu'à la détente d'un revolver, dans laquelle le chien tombe toujours avec la même vitesse, quel que soit le temps que l'on ait mis à l'armer, ou encore au déclanchement de la soupape d'admission d'une machine à vapeur horizontale du type Sulzer.

Quand on examine le mécanisme qui détermine le passage du courant et l'éclatement de l'étincelle, on se rend compte que le culbuteur, retenu par un ressort antagoniste, mais sollicité par le mouvement de la came, pousse devant lui un petit taquet extérieur commandant la palette jusqu'à ce qu'il arrive au contact de l'inflammateur. Continuant ensuite sa course, ce taquet étant déformable par rapport à la palette, rencontre la came d'avance à l'allumage et s'incline alors suffisamment à droite pour pouvoir s'échapper. A ce moment, le taquet est rappelé par le petit ressort antagoniste de rupture et il revient à sa place primitive en produisant la rupture à l'intérieur du cylindre.

Fig. 59. — Magnéto Sims à mouvement rotatif.
Modèle pour motocyclettes.

La came faisant alors redescendre le culbuteur et sa tige de commande poussée par le ressort, tout se remet en place pour agir à nouveau et produire le prochain allumage. La came d'avance à l'allumage, manœuvrée par le levier, produit l'échappement du culbuteur plus ou moins tôt et fait ainsi varier le moment de la rupture depuis le point mort jusqu'à l'avance maximum.

L'inflammateur se visse directement dans le cylindre et reçoit son courant de la magnéto par un interrupteur qui le prend à sa partie supérieure, ce qui permet une vérification facile en cas de court-circuit accidentel. La palette est fixée dans une douille vissée directement dans le cylindre. A l'extérieur, sur l'axe de cette palette, est goupillé le levier qui bute sur la vis, et qui limite l'écartement entre la palette et l'inflammateur. Le taquet est muni d'un cran d'arrêt qui fixe sa course sur l'axe de la palette ; le ressort le rappelle constamment sur le cran dans sa position de repos.

Les rupteurs Brasier, disposés de chaque côté des doubles cylindres, sont attaqués par des cames disposées sur l'arbre à cames d'admission du moteur ; les leviers de l'avance à l'allumage sont commandés par un arbre qui relie les leviers de tous les cylindres du moteur.

Tels sont les principaux dispositifs usités pour produire l'étincelle dans les plus récents types d'automobiles. Certaines grandes maisons ont cependant conservé l'allumage par accumulateurs et bobines, en perfectionnant toutefois considérablement l'agencement de ces dernières, notamment le trembleur magnétique, de façon à augmenter le plus possible la phase utile, et par suite le rendement. Au premier rang de

ces améliorations, nous devons placer le modèle de *trembleur anti-vibrateur* de Perez,
décrit par M. Mainaud dans un intéressant
article de la *Vie Automobile*, et qui permet de
supprimer toutes les vibrations secondaires
résultant de l'inertie des pièces en mouvement.

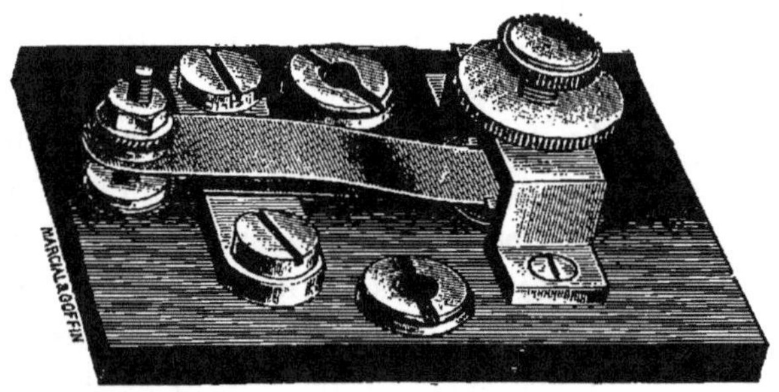

Fig. 60. — Rupteur anti-vibrateur Perez.

Cet agencement permet d'obtenir, avec une
régularité parfaite et d'une façon permanente,
une étincelle en forme de chenille, c'est-à-dire
formant un véritable cordon de feu, au lieu
d'une suite de petites étincelles grêles et blan-
ches, comme c'est le cas avec les trembleurs
ordinaires. Il peut s'appliquer à tous les systèmes de bobines, s'accommoder de toutes les

sources d'électricité, de deux jusqu'à douze volts, et il est interchangeable.

La maison J. Lacoste et Cie munit les bobines qu'elle construit du rupteur Carpentier ou du vibreur M. M. à double lame, de flexibilité différente, lesquels, après de nombreux essais, ont été reconnus comme fournissant les meilleurs résultats, tant comme chaleur d'étincelle et vibrations rapides, que comme consommation réduite. Cette disposition, donnée à la lame du trembleur, permet de régler, au moins dans une certaine mesure, le temps du démarrage, et de mieux utiliser le courant primaire pour l'établissement du flux dans le secondaire.

CHAPITRE XI

Emplois divers de l'électricité à bord des automobiles.

La première application qui ait été faite de l'électricité aux véhicules mécaniques, en dehors de la question de l'allumage du mélange dans les cylindres, consiste dans l'éclairage extérieur ou intérieur de ces véhicules.

Tout d'abord, on a songé à recourir aux piles pour alimenter les lampes à incandescence appelées à remplacer les bougies dans les lanternes, et c'est encore à la pile au bichromate de potasse que l'on s'est adressé pour obtenir le courant indispensable. Dans la plupart des modèles proposés (Trouvé, Radiguet, Chardin, etc.), la batterie se compose d'une caisse en bois verni ou en ébonite, à fermeture hermétique, divisée intérieurement en compartiments ou contenant, juxtaposées l'une à côté de l'autre,

les auges de quatre ou six éléments charbon-
zinc, ceux-ci affectant, suivant le cas, la forme
de crayons cylindriques ou de plaques rectangulaires.

Fig. 61. — Batterie au bichromate pour l'éclairage.

Les connexions d'élément à élément sont éta-
blies à demeure sur le couvercle, et les fils conducteurs se rendant à la lampe sont enfermés à
l'intérieur d'une gaîne de caoutchouc. Le liquide
actif est une dissolution saturée de bichromate
de potasse dans l'acide sulfurique étendu. On

ne descend les électrodes dans le bain qu'au moment de faire usage de la pile, afin d'éviter l'usure du zinc en circuit ouvert, c'est-à-dire lorsque la lampe ne fonctionne pas.

Avec une batterie de 6 éléments couplés en tension, on peut alimenter deux lampes de 4 bougies ou une lampe de 10 bougies pendant trois heures environ.

Mais le bichromate n'est pas sans présenter de nombreux inconvénients, dont les moindres ne sont pas les manipulations et transvasements d'acides et le prix de revient; c'est pourquoi il est presque totalement abandonné maintenant. On a d'abord essayé de le remplacer par d'autres combinaisons chimiques, puis par les piles au chlorure d'ammonium à liquide libre ou immobilisé, mais tous ces générateurs ont le défaut de se polariser rapidement, ce qui amène un affaiblissement progressif de la lumière, et, en fin de compte, force a été de les rejeter définitivement pour prendre les accumulateurs, que les besoins de l'automobilisme avaient amené à perfectionner considérablement, surtout au point de vue du poids et de la durée. On obtint ainsi une lumière fixe, stable, pendant tout le temps de la décharge des éléments composant la batterie.

L'un des premiers modèles de lampes électriques qui aient été construits était de M. Crosse. La batterie d'accumulateurs était composée de 3 ou 4 éléments disposés côte à côte, à l'intérieur d'une sacoche de cuir suspendue au tube horizontal de la bicyclette, près du guidon. Dans la confection de ces couples, l'inventeur avait ramené au minimum le poids des oxydes rapportés sur les grillages de plomb constituant les électrodes, tout en donnant à cette matière active la plus grande adhérence possible à son support. Le rendement obtenu était tel que, sous un poids ne dépassant pas 1 kilogramme, on pouvait compter, paraît-il, sur un total de 17 heures consécutives de lumière, par fractions de temps quelconque dans une période de 8 à 10 jours.

Les prises de courant étaient effectuées sur le côté de la sacoche, à l'aide de fiches métalliques et d'un cordon souple se rendant à la lanterne. Un petit rhéostat avec interrupteur permettait, par la manœuvre d'un petit curseur, de régler l'intensité de la lumière à volonté, depuis le rouge sombre jusqu'au blanc éblouis-

sant, et d'éteindre à volonté. La lanterne, ac-
crochée au guidon, présentait une forme presque
sphérique. Au centre du réflecteur se trouvait
une lampe à incandescence de 10 watts, dont
les rayons étaient concentrés et rendus paral-
lèles par une lentille demi-sphérique produisant
à 10 mètres de distance un faisceau lumineux
de 4 mètres de diamètre. Cette lanterne, pesant
150 grammes permettait de voir distinctement à
20 mètres de distance et d'apercevoir une per-
sonne à 50 mètres.

C'est, on peut le dire, sur ce principe qu'ont
été fabriqués tous les modèles de lanternes électriques qui ont été proposés par la suite. Mais
il faut reconnaître que, tout au moins pour l'é-
clairage nocturne des cycles de toute espèce,
la lampe électrique n'a obtenu qu'un médiocre
succès. On lui reproche le poids de la batterie
d'accumulateurs qu'elle exige pour ne donner,
en définitive, qu'un véritable lumignon, compa-
rativement aux phares à l'acétylène, qui af-
fectent, pour les vélos, des dimensions très mo-
destes avec un poids de quelques centaines de
grammes au plus.

Toutefois nous devons encore mentionner les
modèles de lanternes, pour l'intérieur des voi-

tures, de M. Radiguet. Ces lanternes, de forme circulaire, sont en cuivre verni au four, intérieurement laqué en blanc; le cordon souple qui leur apporte le courant reçoit un autre cordon tressé, branché en dérivation, et se rendant à une poignée contenant l'interrupteur. On peut donc à volonté allumer ou éteintre la lumière en appuyant sur le bouton de contact. Dans un autre modèle pour extérieur, la lanterne est en cuivre nickelé, portant intérieurement un réflecteur en plaqué d'argent. La partie postérieure est munie d'une passe méplate avec vis pour fixation au porte-lanterne; l'interrupteur est à coulisse et la porte à charnière reçoit une lentille de cristal hémisphérique, de 8 centimètres de diamètre, formant projecteur.

Pour l'automobile, on n'est plus aussi rigoureusement limité dans les questions de poids que pour les vélocipèdes. Les bateaux surtout ont avantage à s'adresser à l'électricité pour l'éclairage de leurs feux réglementaires des positions ainsi que pour l'illumination du pont, des salons, cabines, chambres de machines, etc. On peut donc installer à poste fixe une batterie d'accumulateurs. Voici quelques données

relatives à un type courant d'accumulateur
de ce genre (type Schulze).

Capacité en amp.-heure pour une décharge en 10 heures.	Voltage aux bornes.	Poids. Acide compris.	Dimensions de la batterie.		
10 A.-h.	8 volts	12 kil.	0,13 $\times$ 0,15 $\times$ 0,23		
20 —	8 —	18 —	—	—	0,39
20 —	12 —	25 —	—	—	0,55

Il existe des modèles plus restreints, portant
leur lampe et fonctionnant avec 4 ou 6 volts
seulement. Le poids de la batterie est de 3 à
5 kilogrammes pour un éclairage de une à quatre
bougies ; les éléments sont renfermés dans une
boîte étanche en bois ciré ou acajou avec poignée pour le transport et l'interrupteur pour
l'allumage.

Mentionnons encore les accumulateurs Schmitt,
représentés par les figures ci-après extrêmement légers, et dont voici les principales caractéristiques.

Type.	Capacité.	Voltage.	Poids.
O	25 a.-h.	4 volts	2 kil. 500
I	40 —	—	3 — 500
II	80 —	—	7 — —

D'après ces chiffres, on voit que ce dernier type pourrait alimenter une lampe de 8 watts ou 5 bougies environ (4 volts $\times$ 2 ampères) pendant 40 heures sous un poids de 7 kilogram-

Fig. 62. — Accumulateur Schmitt pour l'éclairage.

mes seulement, c'est-à-dire plus de moitié moindre que dans les modèles du type précédent.

Quand l'allumage du moteur est opéré à l'aide d'une magnéto, il est possible, avec certains modèles, d'utiliser une partie du courant pour l'alimentation des phares chargés d'illuminer la route en avant. Tel est le cas pour la magnéto « compound », qui possède deux cir-

cuits distincts, ainsi que nous l'avons expliqué,
et dont l'un peut être appliqué à l'entretien de
la lumière.

Mais, avec des magnétos, on conçoit que l'on
n'a pas de lumière lorsque la voiture est arrêtée,

Fig. 63. — Parties constitutives d'un accumulateur
Schmitt.

ou alors il faut les commander directement et
faire tourner constamment le moteur, même
pendant les arrêts. C'est pourquoi nous esti-
mons que, si l'on veut en même temps faire de
l'éclairage, il est préférable de monter sur une
voiture une dynamo, avec au besoin deux éléments d'accumulateurs, disposés en dérivation,
comme tampon et comme secours au moment
des démarrages. Le courant obtenu servira,
d'une part, à engendrer les étincelles aux pointes

des bougies, d'autre part, à entretenir le fonctionnement des lampes.

Ces dynamos sont toujours de dimensions très restreintes et de poids réduit. Nous en avons décrit plusieurs types au chapitre consacré à l'étude de ces machines et nous n'y reviendrons que pour rappeler les caractéristiques de quelques modèles intéressants.

Les dynamos Avery-Lahmeyer, de M. H. Burin sont très intéressantes ; elles possèdent une armature du genre « à tambour » avec un bobinage symétrique. Les disques du noyau sont en fer de Suède très doux, de façon à réduire au minimum les pertes par hystérésis ; le collecteur est monté sur une douille en bronze, isolé avec du mica, avec une assez grande épaisseur de métal dans les segments pour rattraper l'usure ; les balais sont en charbon, les paliers à longue portée, les coussinets en bronze dur donnant un bon frottement, enfin tout a été prévu pour faire de ces machines des générateurs de très haut rendement et de fonctionnement parfait. La commande de l'armature est effectuée par courroie ou engrenage.

Mais ainsi actionnée par un moteur dont la vitesse de rotation change à tout instant, une dynamo fournit un courant très inégal, dont le voltage et l'intensité augmentent à mesure que la vitesse s'accroît, pour baisser aussitôt que le moteur ralentit. C'est pourquoi il a fallu avoir

Fig. 64. — Dynamo Eyquem.

recours à divers artifices pour maintenir la tension sensiblement constante et éviter de brûler le filament lumineux des lampes par suite d'un excès de courant. On a employé des accumulateurs recueillant le courant excédent, des rhéostats transformant cette énergie en chaleur perdue, des conjoncteurs-disjoncteurs, etc. Une solution qui paraît très heureuse est celle qui a été indiquée par M. Eyquem, et dont toutes les revues techniques ont publié la description.

Le but poursuivi par ce constructeur consiste à maintenir absolument constant le courant développé par la dynamo, indépendamment de la vitesse de rotation du moteur qui la commande. Ce résultat est obtenu par un moyen très simple que nous allons expliquer ici :

Devant l'impossibilité reconnue de pouvoir alimenter une lampe à incandescence de quelque intensité avec des batteries de piles ou d'accumulateurs, on a essayé d'utiliser des dynamos de dimensions restreintes alimentant en même temps les accumulateurs d'allumage. Mais on se buta devant l'inconvénient d'un voltage variant constamment avec la vitesse du moteur ; la charge des éléments s'effectuait un peu au petit bonheur, car il fallait interrompre la communication entre la dynamo et les accumulateurs, quand le voltage était ou trop élevé ou trop faible, et on ne pouvait, en conséquence, utiliser la dynamo qu'entre des limites de vitesse restreintes, si bien qu'en fin de compte la recharge ne s'effectuait que dans des conditions déplorables.

C'est pour remédier à ces défauts rédhibitoires que M. Eyquem a combiné son modèle de dynamo qui a attiré, lors de son apparition, l'attention de tous les spécialistes, en raison de ses grandes et réelles qualités en même temps que par l'originalité de sa conception.

Comme le montre notre figure 64, cette machine affecte une forme presque sphérique, et elle est montée avec ses connexions sur un socle qui reçoit, dans le prolongement de l'axe de l'induit, le mécanisme régulateur qui caractérise ce système. Elle reçoit son mouvement de la voiture par une transmission à courroie et poulie, et le jeu du régulateur à boules interposé permet de faire varier l'excitation de manière à conserver un voltage rigoureusement constant, quelle que soit la vitesse de la voiture.

On voit qu'à mesure que la vitesse de rotation s'accroît, les boules du régulateur s'écartent de l'axe et elles entraînent un double levier dont les extrémités glissent sur un secteur portant une suite de plots en rapport avec un rhéostat dont on intercale ainsi une plus ou moins grande longueur dans le circuit.

Quand la vitesse diminue, un ressort à boudin repousse les bras articulés des boules et oblige les leviers à reculer sur le secteur en diminuant la valeur de la résistance intercalée. Le réglage du champ magnétique s'opère donc automatiquement, et il en résulte que la tension aux bornes de la machine reste sensiblement constante.

Cette condition est absolument nécessaire pour avoir d'une part une lumière absolument fixe, et d'autre part pour ne pas brûler le filament incandescent par l'effet d'un courant exagéré.

Dans ce système, les accumulateurs, pour l'allumage du gaz à l'intérieur des cylindres, sont conservés. Ils sont branchés en tampon et parent aux irrégularités ou aux arrêts momentanés du moteur. Cinq éléments de 40 ampères-heure sont suffisants, et deux d'entre eux sont groupés en dérivation pour l'allumage du moteur. Cette batterie se trouve constamment chargée par la dynamo et il n'y a pas à s'en occuper. Ne servant que tout à fait exceptionnellement, elle ne se décharge pas, puisque c'est la dynamo qui fournit la lumière.

Les phares contiennent des lampes de 10 volts et 1,5 ampère fournissant une lumière de 10 bougies environ ; ces lampes sont disposées au foyer de projecteurs munis d'une puissante lentille condensatrice qui permet d'envoyer le faisceau lumineux à trois cents mètres en avant de la voiture, ce que ne saurait donner l'acétylène. Ces projecteurs, à réflecteur parabolique, sont du système Mégevet ; ils permettent de distinguer l'heure au cadran d'une montre et de lire couramment un imprimé à deux cents mètres de distance, ce qui fournit, pensons-nous, la preuve la plus convaincante qui puisse être donnée de la puissance lumineuse de ces appareils.

Nous devons encore dire un mot, avant de terminer, de quelques autres applcations de l'électricité à l'automobile, notamment des compteurs électro-kilométriques, susceptibles de rendre les meilleurs services dans nombre de circonstances.

Le système E. K. de Georges et Richard Popp présente les avantages suivants : il totalise exactement le chemin parcouru par la voiture sur laquelle il est monté, soit qu'elle avance soit qu'elle recule, et ce jusqu'à un chiffre de dix mille kilomètres, après quoi le mécanisme revient automatiquement à zéro et recommence à enregistrer sans arrêt. Il indique en même temps, et à tout moment, la vitesse à laquelle roule le véhicule. Il contrôle donc exactement : 1º le chemin parcouru ; 2º la consommation ; 3º la durée de chaque partie de la voiture (contrôle des fournitures, pneumatiques, etc) ; 4º le prix de revient par kilomètre pour chaque voiture. Il fonctionne par le jeu d'un contact qui se monte sur l'essieu de la roue d'avant, gauche, et qui, à chaque révolution complète de cette roue, envoie le courant à l'électro-aimant commandant les mouvements des rouages.

L'électricité a encore été employée pour fournir une liaison élastique entre le moteur et l'essieu des roues, supprimant ainsi le changement de vitesse par engrenages dont on connaît les inconvénients. Ce dispositif, qui semble revenir en faveur, est déjà appliqué depuis plusieurs années dans l'*embrayage Goliath* des voitures belges de la marque « Pipe ». Il dérive du système d'embrayage magnétique de Bovet, construit en France par la Société des anciens établissements Panhard et Levassor, et son agencement est le suivant :

L'arbre du moteur porte un volant en acier spécial constituant la culasse d'un électro-aimant circulaire recouvert d'un bobinage disposé à l'intérieur d'une gorge pratiquée dans la périphérie de ce volant. Une plaque ou disque de commande ferme hermétiquement cette gorge en même temps qu'elle constitue l'armature de l'électro. L'enroulement circulaire reçoit un courant à basse tension, fourni par quelques éléments d'accumulateurs ou une magnéto et arrivant par un balai de charbon en rapport avec un commutateur isolé reposant sur la partie externe du volant ; la sortie du courant s'effectue ensuite par la masse.

Une résistance variable peut être introduite dans le circuit, de façon à ce que le conducteur puisse faire varier à son gré l'intensité du courant circulant dans le bobinage et par suite l'attraction ou l'adhérence du plateau-armature contre le volant. Quand le courant passe, ce volant s'aimante comme l'inducteur d'une dynamo et attire le plateau sur lequel est monté l'arbre primaire des changements de vitesse. L'intensité de l'attraction est d'autant plus grande que la résistance est plus faible. La valeur de l'aimantation dépend de l'intensité du courant ; le conducteur peut donc la faire varier pour faire produire à l'embrayage les effets qu'il désire.

Cette résistance se manœuvre automatiquement à l'aide d'une pédale, laquelle commande

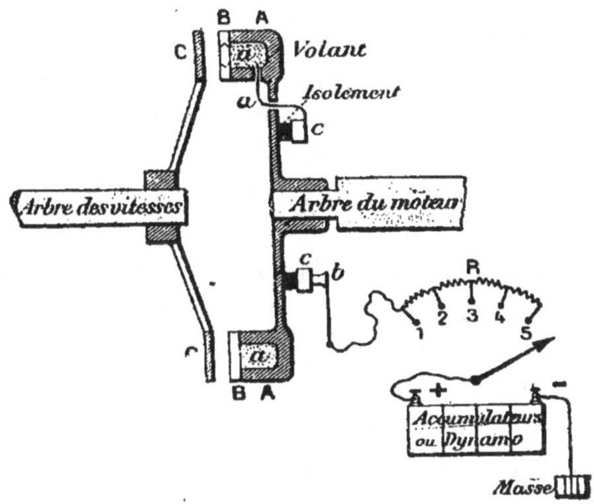

Fig. 65. — Embrayage électro-magnétique « Goliath ».

un levier agissant sur le curseur du rhéostat. Le disque, étant très léger, a un moment d'inertie très faible, ce qui permet aux changements de vitesse d'entrer en prise sans bruit et sans à-coups. Ce disque porte une série de petites encoches remplies de régule d'antimoine ayant pour but d'empêcher tout échauffement quand il se produit un glissement entre sa surface et celle du volant.

L'embrayage électro-magnétique fournit une grande commodité de manœuvre, puisqu'il n'a pas à vaincre la tension d'un ressort énergique ; il agit par le simple déplacement d'une pédale très douce. En second lieu, il peut laisser patiner de la quantité qu'il lui plaît dans un ralentissement ou un démarrage. Enfin aucun grippement, aucune poussée sur les arbres ne peut survenir avec ce dispositif qui ne demande aucun réglage en cours de route ou après un long parcours, ce qui constitue un avantage qui n'est pas négligeable, puisque tous les autres systèmes, qui donnent lieu à une usure rapide de certaines pièces, doivent être fréquemment vérifiés et réglés à nouveau pendant un long parcours.

Tels sont les principaux appareils réclamant, sous une forme ou une autre, l'aide de l'électricité pour fonctionner, et qui montrent quel précieux secours cette énergie a apporté à la mécanique et principalement à l'automobile, dans une foule de circonstances très différentes.

TABLE DES MATIÈRES

BUZANÇAIS (INDRE), IMPRIMERIE F. DEVERDUN.

MAGNÉTO
DÉPOSÉ
SIMMS-BOSCH
Compagnie des MAGNÉTOS SIMMS-BOSCH
rue Violet (XV)
PARIS